大学生气象科技创新创业之路

主　编　司文选　张文煜

气象出版社

China Meteorological Press

内容简介

"兰景杯"全国高校气象科技创新创业大赛由中国气象局和兰州大学共同主办,兰州大学大气科学学院和兰景气象科技创新创业平台联合承办。大赛包括气象+智能农业、气象+智能制造、气象+信息技术服务和气象+社会服务四大模块。本书汇集了历届大赛的优秀作品,可供大气科学专业的本科生、硕士生和博士生以及从事大气科学和大气环境工作的人员学习和参考。

图书在版编目(CIP)数据

大学生气象科技创新创业之路/司文选,张文煜主编. --北京:气象出版社,2019.8
ISBN 978-7-5029-7033-8

Ⅰ.①大… Ⅱ.①司… ②张… Ⅲ.①气象学—技术革新 Ⅳ.①P4

中国版本图书馆 CIP 数据核字(2019)第 184347 号

Daxuesheng Qixiang Keji Chuangxin Chuangye Zhilu

大学生气象科技创新创业之路

司文选　张文煜　主编

出版发行:气象出版社

地　　址:北京市海淀区中关村南大街 46 号　　　　邮政编码:100081
电　　话:010-68407112(总编室)　010-68408042(发行部)
网　　址:http://www.qxcbs.com　　　　**E-mail**:qxcbs@cma.gov.cn
责任编辑:王凌霄　　　　　　　　　　　　　终　　审:吴晓鹏
责任校对:王丽梅　　　　　　　　　　　　　责任技编:赵相宁
封面设计:楠竹文化
印　　刷:北京建宏印刷有限公司
开　　本:720 mm×960 mm　1/16　　　　　印　　张:7.125
字　　数:140 千字
版　　次:2019 年 8 月第 1 版　　　　　　　印　　次:2019 年 8 月第 1 次印刷
定　　价:38.00 元

本书如存在文字不清、漏印以及缺页、倒页、脱页等,请与本社发行部联系调换。

《大学生气象科技创新创业之路》
编委会

主　　编　　司文选　　张文煜

成　　员　　黄忠伟　　赵永伟　　侯海坤

　　　　　　史万峰　　尹　杭　　李裴蓓

　　　　　　沙新宇　　刘　言

前　　言

兰州大学作为教育部直属的全国重点综合性大学，是国家"双一流"重点建设高校之一。而大气科学学院作为学校四个"双一流"学科之一，始终坚持贴近国家目标，立足西部特色，以提高人才培养质量为根本，围绕实践、创意、创新、创业四个主题，打造创新创业特色品牌，切实增强学生创新创业能力。

根据《国务院办公厅关于深化高等学校创新创业教育改革的实施意见》（国办发〔2015〕36号）精神，兰州大学及时出台了《兰州大学深化创新创业教育改革实施方案》，将"深化创新创业教育改革"明确列入了《兰州大学综合改革方案》和《兰州大学"十三五"建设与发展总体规划（2016—2020年）》。大气科学学院根据这两个方案，结合专业特色和学院育人实际，以"国家级大学生创新创业训练计划"和"兰州大学大学生创新创业行动计划"为基础，从2016年开始组织"兰景杯"全国高校气象科技创新创业大赛。

迄今为止，"兰景杯"全国高校气象科技创新创业大赛已经成功举办两届。大赛由中国气象局和兰州大学共同主办，兰州大学大气科学学院和兰景气象科技创新创业平台联合承办，旨在组织全国院校气象专业大学生积极参与，在全国范围内征集若干与气象科技相关的创新创业策划方案，从中选拔出具有实施发展前景的优秀策划方案若干。通过这项大赛，吸引更多的大学生参与气象科技与服务，促进气象科技成果转化、社会服务与相关产业的发展。

两届"兰景杯"全国高校气象科技创新创业大赛共吸引了来自北京大学、南京大学、中山大学、华中科技大学、南京信息工程大学、成都信息工程大学、中国农业大学、兰州大学等全国十余所高校气象相关专业的本科生、硕士研究生、博士研究生参加，大赛设的气象＋智能农业、气象＋智能制造、气象＋信息技术服务和气象＋社会服务四大模块，成功吸引了一大批优秀的创新创业类项目。

在大赛中，选手将气象与农林牧副渔革新、智能硬件、先进制造、仪器改进、个性化产品、人工智能技术、物联网技术、大数据、云计算电子商务、消费生活、财经法务、高效物流、医疗健康等有机结合，涌现出"基于气候预报的农作物种植推荐系统""'表里如一'——一款基于气象服务的智能手表""基于社区医院与天气变化的健康管理预警手机小程序"和"根据天气情况推出的一种新型航空气象险的研制和推广"等一大批优秀的创新创业项目。

大赛还与佛山市顺德景图投资有限公司和北京心中有数科学技术有限公司等创新企业合作，有利于进一步为大学生创新创业提供平台，推动科技成果转化。

立足专业实际，在创新育人方面，大气科学学院坚持服务国家特别是西部地区人才培养和社会经济发展的重点战略，进一步发挥学科和专业优势，探索创新人才培养模式，完善创新创业实践指导，搭建创新创业教育实践训练平台，营造了浓郁的创新创业校园氛围，成功打造出了以"兰景杯"为主的创新创业品牌。

目　　录

第一章 气象＋智能农业

自古以来,民以食为天,农业生产一直以来都是一个国家的基础性产业,而一句"靠天吃饭"道出了气象问题对于农业生产的重要性。尽管当下农业生产技术的发展日新月异,但是在科技成本巨大、普及度不高的情况下,气象因素仍然是影响农业产量的最重要的因素之一。

在无法过多的改变气象条件的情况下,通过对于不同特性的农作物的选择和种植,就成了当代农户利用当地气象条件提升产量、提高质量减少气象灾害带来的巨额经济损失的最佳选择。

基于气候预报的农作物种植推荐系统以精准的气象数据与农作物特性的研究数据为基础,以自主研发设计的系统将两者信息整合,并以 APP 的形式向专业知识和数据不足的广大农户推送最适合的种植作物及专业的种植方法,以达到农户的利益最大化并以巨大的用户基数实现产品的价值最大化。同时通过专业系统授权的形式,为政府提供专业的数据的支持和指导。此外在推广产品的同时,提供相应保险服务,在准确合理推送的前提下,最大程度的保障用户的利益,解决用户的后顾之忧,以此进一步扩大市场,提升产品的收益。

基于气候预报的农作物种植推荐系统

中国农业大学　平易邱

一、项目简介

本系统旨在根据局地的气象状况,预测该地在某时段内适合种植的农作物,预防气象灾害。系统分为专业和民用两部分,专业系统可以指导较大范围的农业生产,成为政府部门决策的重要依据,民用系统则直接为农民提供生产指导。

二、背景及意义

中国是一个拥有 13 亿人口的大国,同时也是一个农业大国,中国的农业市场规模接近一百亿元。由于农业生产受天气的影响较大,以及市场调节具有滞后性,农民如何合理、科学的选择农作物进行种植这一问题长期存在。以江淮地区为例，由于洪水强风等灾害性天气频发，农户种植面积也较大，易给农户造成较大的损失。因此，通过农业指导提高种植效率以及种植收益，从而达到双赢势在必行，而该项目的研究开发将主要用于解决此问题。

本系统的民用部分主要用于帮助农业生产个体户进行小范围农业生产规划。对于农户来说，科学的指导可以帮助他们降低生产风险，减少损失，增加收益。合理地依据科学数据进行规划，更加方便快捷，也消除了农户在农作物选择上的困难。对于国家和社会来讲，农户的生活水平可以得到大幅度的提高，这不仅减少了因自然灾害导致的人为暴乱的发生概率，利于社会和谐稳定，还对于我国经济的快速发展有很大帮助，有利于提高我国粮食自给率和经济增长点，利于我国建成全面小康，建成富强、民主、文明、和谐的社会主义现代化国家。

本系统的专业部分主要是一个集气候预报、地理信息系统、地区往年历史气象信息、市场信息等为一体的综合信息系统，它可以指导较大范围的农业生产，成为政府部门决策的重要依据。现在由于尚未出现量化的可以根据气候、市场等因素对农业生产进行指导的技术，政府对于农业生产更多的是采取帮扶政策，此产品的研发应用，可以为政府提供指导农业生产的依据，通过政府的调控，可以降低同一地区大范围生产同种农作物，从而导致该种农作物价格下降的风险，增加该地区农户收益，进而促进地区经济发展。同时，政府合理有效的指导农业生产，使该地区居民受益，还可以增加政府的科学执政能力，在其他决策方面更易获得市民的支持拥护。

三、特色和创新之处

1. 本系统将气候预报、地理信息、地区往年历史气象信息、市场信息等对指导农业生产至关重要的信息集合进一个系统中。特别是将预报信息和历史资料相结合，依据特定地区的气象灾害发生情况，结合卫星资料、气象观测资料等资料，极大地提高了指导的准确性，极大地提高了可行度。

2. 本系统是第一个考虑了气象信息的农业生产指导系统，是针对广大受益群众开发出了民用和专业两套不同版本的农业生产指导系统。就系统下的民用 APP 而言，农户只要下载 APP，即可获得针对农户所在地区，特定时节的农作物种植推荐信息。就系统下的专业指导系统而言，是针对政府部门而开发的，对政府指导管辖地区的农业种植方案以及提高相应有关农业政策的准确性有极其重要的帮助。并且在此基础上，我们提供对专业级系统完备的售后服务。

3. 我们拥有现在市场上极为少见的农业生产指导 APP。通过手机 APP 为客户提供实时的预报及指导信息，针对不同的客户在 APP 上填写的不同的个人资料，推送不同的指导方案和农产品种植方案。针对政府部门提供更为专业的预报信息以及大范围农业生产种植的科学性指导。特别是我们还可以利用 APP 进行部分广告的推送以及气象基础知识的普及，提高农民的气象知识掌握水平。

4. 针对售后,我们不仅有相关的农业生产指导服务,还额外增加了保险业务。在一定程度上为他们提供了农产品生产的安全保障。在此基础上我们可以不断地扩大市场规模,对预报准确率较为高的地区提供高额的保险服务,并不断提高系统的预报可靠性。

5. 该系统能很好地解决由于不考虑天气因素,以及市场调节的滞后性,所造成的农民在选择要种植的农作物上不科学、不合理的问题,大大增加农民收入,减少国家资源的浪费。

6. 该系统不仅能指导农业生产,在园林、花卉、养殖等与气象密切相关的行业也都有极大的推广空间。

四、可行性及风险分析

1. 可行性分析

(1)系统资料的可行性

现在天气预报的准确率比较高,同时卫星技术日益发展,大部分的卫星资料可以在网站上下载,我国的大部分地区,尤其是经济和农业较为发达的省份,气象站的观测资料以及天气现象的记录也是较为完备的。利用免费的数据和资料,针对特定的地区以及不同的时节,我们可以输入给系统足够多的天气预报信息、地理信息以及地区往年历史气象信息。

(2)产品技术及服务的可行性

由于信息技术的发达,我们可以从互联网上获取到足够多的农产品市场信息等各类农业相关信息,并且与我们之前所提到的各类信息整合起来,形成一个预报准确,高度业务化的农作物种植推荐系统。而且保险业务是我们利用系统预报信息给农民以及政府保障,可以提高我们产品的可信度,让农民可以更加放心地购买使用该产品,可以一定程度上提高政府的决策正确性。

(3)市场的可行性

中国农业市场规模接近6万亿元,实际调研显示,目前灾害造成的农业损失巨大,且受到政府的高度重视。基于此情况,我们预计该项目的农作物种植推荐系统将凭借先发优势,占据大部分市场,估值可达一个非常可观的水平。由于该系统的目标市场规模巨大,且在该领域没有同类型系统,市场竞争小,有利于长期的发展和推广。针对不同规模、不同地域及不同时期的农业生产,为农民提供个性化的 APP 种植推荐服务,有利于开拓大规模的市场;为政府提供专业级系统,我们将获取到大量优质高端用户。后期,我们还可以将系统推广到园林、花卉、养殖等同样受气象因素影响很大的行业。就保险方面而言,保险市场有广大的发展空间,我们利用保险为客户提供完备的售后保障,可以不断提升市场的可行性。

(4)经济可行性

系统的成本较低,资料和数据可以免费获取,可以利用广告业务和保险业务提高我们的产品价值以及收益程度。且利用不断扩大的市场空间，不断提高我们的利润。系统对农作物种植的推荐能有效地减少农户的经济损失以及资源的浪费，实现公司同农户政府的共赢。

2. 风险分析

(1)该系统是一个较为复杂的综合信息系统，对系统的可靠性要求较高，系统维护难度较高。农作物种植推荐系统可能会误判天气形势，推荐错误的农作物品种。因此，我们的系统在投入市场前都会进行大量严格的测试。在保险业务方面，对于大规模的农业种植户，一旦进行了错误的种植推荐，可能会造成巨大的损失，对此必须事先经过精算，制定合理的理赔规则。对于政府部门更为专业性的指导，技术难度较大，需要不断提升天气预报的准确率并进行实时的分析。

(2)对气象资料不完备的地区或者气候条件比较恶劣的地区进行气象预测比较困难，因此我们的产品在推广过程中采取从气象预测准确率高的地区到其他地区逐步推广的方式。

五、技术难点及关键技术

该项目在研究开发过程中主要存在以下困难。

第一，该项目需要输入给系统足够多的地理信息，以及足够多的农产品市场信息等各类农业相关信息，并且将其与历史气象信息、预报气象信息进行整合。保证前述信息的正确性是项目将要面对的一个技术难点。

第二，该项目需要分析农作物的产量与天气状况的关系，这需要对各个地区农业生产状况进行具体分析，将地区气候同地区农业生产实际相结合，同时考虑到当年市场等因素，数据处理烦琐且数据量庞大。

第三，该项目需要设计一套可以把天气信息和农业信息相结合的算法，依据未来天气预报及历史气候资料指导农业生产，算法在设计过程中存在困难，且设计完成后需要经过大量试验去验证算法的合理性、准确性及可行性。

第四，该项目需要研发 APP 供农业生产个体户使用，同时需要研发专业系统供政府使用，两套系统同时研发并投入使用，需要较多的人力、物力、财力做支撑。

第五，由于该项目所设计的软件在市场上尚未出现，要保证此系统可以达到良好的盈利标准，需要防止盗版现象出现。所以在设计过程中需要加入防盗版设计，给产品的设计增加了难度。

该项目在研究开发过程中关键技术如下。

核心技术是程序算法的设计。算法一要采集足够多的地理信息、足够多的农产品市场信息等各类农业相关信息，一定年限的气象资料；二要整合这些资料，将农业生产信息同天气信息进行相关分析，得到分析结果。算法设计完成后，则根据算法，将农业生产信息同历史天气信息进行、预报天气信息相结合，实现依据天气等因素对未来适合种植的农作物进行预测，形成一个预报准确，高度业务化的农作物种植推荐系统。

同时,需加入防盗版技术。在系统的运行脚本中写入系统识别码,每一个被授权使用的系统中都会有一个唯一的系统识别码。在系统联网运行过程中,会自动与识别码库中的识别码进行识别,一旦发现违法识别码或者过期未缴费的系统的识别码,则立刻中止该系统的运行。

六、商业模式

我们针对不同的目标客户,开发了两种商业模式。这两种商业模式彼此联系,互相促进,同时也让我们基于气候预报的农作物种植推荐系统满足了更多用户的需求,覆盖了更多的需求人群,便于我们的市场推广。

农业是国家的基础性产业,关系国计民生。2015年,中国农业总产值为57635.8亿元。因此促进农业又好又快发展,保护农民利益是从中央政府到地方政府都要认真履行的职责。所以我们敏锐地意识到政府是我们这套系统的一个重要客户,并为他们设计了一套商业模式。在该商业模式中,我们开发一套专业性较强的农作物种植推荐系统,该系统本质上是一套综合信息系统,以地区天气预报信息、历史气候信息和农产品市场信息为基础,根据农作物习性和对生长环境的要求,利用一系列算法去预测该地区下一季适合种植的作物,为政府部门提供更加量化更加科学的决策依据。我们不将该系统一次性卖给政府部门,而是通过授权获取收入。我们将系统的使用权授予给政府部门一定年限,并收取一定费用。在授权年限以内,我们将会提供完备的售后服务,为客户解决系统出现的任何问题。政府部门也可以根据需要,自行向系统中录入相关信息,也可以与项目组工作人员一道对系统进行修改,使其更符合该地区的实际情况。对于修改系统的情况,我们项目组的工作人员将会收取一定的服务费或专利使用费。在授权年限到期后,客户可以续费延长使用权期限。对于过了授权期限而没有续费或者使用盗版的客户我们将采取反制措施,将利用系统中的反盗版技术监测每个用户的系统运行情况,中断盗版和未续费用户系统的运行。

对于农民来说,农业几乎是家庭收入的全部来源,而农业又对气象条件极为敏感,因此农民迫切需要得到气象方面的专业指导,同时,他们又希望得到的指导在具有权威性的同时又能简单直接易懂。所以我们为农民这又一个巨大的目标客户人群设计了第二种商业模式。该商业模式的核心是一个APP,农民直接下载APP后,APP便会根据用户的位置信息,根据当地的气象资料,天气预报和市场预测信息,为其提供下一季种植作物方面的指导。APP下载不收费,广告收入是其重要的收入来源。待APP发展成熟后,我们将考虑将APP变为一个专门面向农民的社区型移动互联网平台,其具有聊天交友,网络购物等多种功能,增加APP的收入来源和用户黏性。同时我们也会在APP上提供付费订制服务,对于付费APP用户,我们将根据气候和市场信息,提供频率更高,更精细化的农作物种植推荐信息。

我们还会积极申请专利,让专利授权费成为团队的又一收入来源,构筑知识产权壁垒,防范和对抗市场上可能出现的跟风者和盗版者。

七、预期成果和转换形式

项目分为四个阶段,每个阶段都有对应的预期成果。

第一阶段:系统研发设计阶段。在第一阶段中,项目组成员将完成理论研究和系统开发工作,实现根据中长期天气预报、历史气候信息和市场信息为客户推荐下一季种植作物。该阶段的预期成果是,设计出核心算法,以此为基础开发出一套业务化预测结果可靠的系统和用户体验良好预测结果准确的APP。

第二阶段:根据往年的历史资料对系统和APP进行测试,并不断改进算法、系统和APP,确保系统的预测准确率达百分之九十以上,APP的预测准确率达百分之八十五以上。同时开始研究保险的理赔规则,推出配套的保险业务。在通过准确性测试后,在江淮地区和东北地区两个农业主产区进行系统和APP的试用推广。对于专业系统推广方法为与地方政府直接联系或面谈;对于APP推广方法为与基层政府合作和投放电台广告和墙体广告等。我们将根据政府部门和农民的使用意见反馈不断更新和完善系统、APP和保险服务。该阶段预期营收为500000元。

第三阶段:继续在东北地区和江淮地区大力推广我们的系统和APP,让更多的基层政府使用我们的系统,让更多的农民使用我们的APP。同时开始在其他农业主产区推广我们的系统和APP,推广方法与第二阶段类似,广告宣传力度则会加强。项目团队将会根据客户的反馈,及时更新和改进系统与APP。我们会特别注意地区差异性,对一些情况特殊的农业主产区推出专门针对该地区的农业生产指导系统。该阶段预期营收为1000000元。

第四阶段:拓展APP功能,将APP变为一个具有聊天、购物等多种功能的针对农民的综合性移动互联网平台。向更多地区的政府和农民推广农作物种植推荐系统和APP。鉴于项目已有一定用户基础和财力保障,我们将在这一阶段开展更大规模的广告宣传活动,对使用系统或APP的客户提供更多的优惠和奖励政策。该阶段预期收入为2000000元。

转化形式:项目团队的核心科技成果为基于核心算法所建立的一套有较好操作性和盈利能力的农作物种植推荐系统和农作物种植推荐APP。

鉴于团队人力、物力、财力有限,我们将会以农作物种植推荐系统和农作物种植推荐APP的技术作为合作条件,引入外部投资,并给予外部投资者股权、债权等利益,与外部投资者共同实施转化,开拓产品市场。

团队将农作物种植推荐专业系统的使用权授予政府部门等客户,并收取一定费用。通过农作物种植推荐APP的界面广告获取一定收入,在APP升级为一个针对农民的综合信息移动互联网平台后,通过网络购物等业务获取更多的收入。这些收入在扣除了成本、债务等之后,将会成为团队的自有资本,可作为加速和深化团队科技成果转化的投资。

团队成员还将自己出资,用于支持团队科技成果的转化,并根据出资比例享有相应的收益权。

上述的转化方式均有严格的财务管理做支撑。团队会对各出资方的出资额与收益权都进行严格的协议登记和备案管理,对团队收入的分配等一切重大财务行为都事先进行公开讨论,并形成协议。

气象灾害风险评价系统与农业的结合

中国海洋大学　马艺玲团队

一、项目简介

本项目在基于基本天气服务的基础上还着眼于根据过去和未来的天气状况与蔬果价格以及销售量间的关系建立相应的定量关系模型,从而预测未来7天的蔬果价格趋势与销量波动情况,给蔬果商提供收购蔬果量、运货及贮藏蔬果量的参考。

二、背景及意义

1. 项目背景

(1)项目的提出

目前市面上的蔬果价格的波动受非常多因素的影响,而气象因素就是其中重要的一项。蔬果生产交易链上的一些末端环节如小型菜商进货等大都基于当事人的经验判断,而目前市面上存在的农产品行情分析产品多从市场角度入手,鲜有专注于气象要素这一点的,所以此项目做出的产品核心即为预测并量化气象要素对蔬果价格(行情)的影响,从而对蔬果生产交易链上各个环节的参与者提供蔬果价格走势预报及相关衍生产品。

气象条件对蔬菜生产、产量以及蔬菜病虫害等的影响分析已有不少报道,也有依据气象条件预测蔬菜产量的研究报道。气象条件对蔬菜产量的影响最终反映在供应量以及价格上,价格涨跌与气象条件有着十分密切的关系。此处所提到的气象因素,当理解为广义上的。在对实际情况的综合分析考量后,项目的核心产品将从四个方面入手来对蔬果价格趋势进行预测,包括主要影响供给端的气象灾害,持续性天气,气候,以及影响需求端的天气状况对客流量的影响。

① 气象灾害会造成农作物生长条件大幅的改变,影响到农作物最终的产量及价格。我国三分之二以上的地区都曾遭受过不同程度的洪涝灾害侵蚀,据1991—2007年中国历年洪涝灾害损失官方数据,其中损失中重度以上的年份个数有八个,损失金额都在1000亿元人民币以上。我国在气候上受到了北太平洋西部热带气旋的影

响,主要在浙江、福建、广东等沿海地区受灾严重,受灾严重的市的农业经济损失可达 7 亿左右。我国北方地区是冰雹灾害的高发区,冰雹对农作物的危害主要集中在果实、枝叶以及秆茎,导致农业生产收到极大危害,一些农作物减产甚至绝收;冷冻主要指由于温度较低而引起的霜冻、寒冻等气象灾害。农作物较易产生冻害,严重时农作物便会死亡影响产量;低温连续阴雨、雪灾导致了很多农作物产生霉变。2008 年,我国湖南、广西等地遭遇了前所未有的雪灾侵害,直接影响到冬季农作物的生长,农作物减产。

② 持续性天气如持续性降水阴雨、持续性高温天气会对大棚菜以及大田菜分别有着不同的影响,包括作物产量以及成本,从而引起蔬果价格在短时间段内波动。

③ 通过对一定区域过去多年气候数据的分析,可以得到此区域气候类型在特定时间段具有的特点,从而实现预测。

④ 天气状况对销量的影响,将气象条件与地理条件等结合可预测出未来一段时间内的天气状况对蔬果销量的影响,从而得到此因素对蔬果价格波动趋势的影响。

项目产品的核心即为量化上述四个气象因素对最终蔬果未来几天价格波动趋势的影响的集合,并以 APP 与网站的形式呈现给用户。

(2)项目环境背景

我国是世界上气象灾害最严重、天气现象最为复杂的国家之一,而目前在中国大陆,由于政策、机制等原因,商业气象经济至今仍处于起步阶段。相比于发达国家,中国农业从业人口数量巨大,潜在顾客量很大;且行业内竞争对手有限,市面上的 B2B 农业行情预测 APP 服务由于其大量数据的可靠性难以保证,公司内部缺乏人才的统一管理,而导致质量参差不齐,不能满足广大客户的需求。

受众广泛:主要是农民种植户,大型蔬菜水果收购商,市面上小型菜贩,大型超市等蔬菜水果售卖点,投机进货者以及买菜者。批发商可根据我们所预测的蔬果价格波动决定各种类的蔬果进货数量;运货者可比较各地区的通货价格和预测的价格并结合我们根据天气状况预测的物流费用决定去哪运货、运多少货;零售商可以根据我们提供的数据决定进货的数量和种类,从而避免由于囤货过多导致降价销售或货物损坏造成的经济损失;购菜者也可参考预测价格决定是否提前购买蔬果。

(3)项目优势分析

该项目将与高等院校、科研院所等高精尖人才所在地展开合作,在经济上支持其开展气象科技成果的转化,通过研发合作、技术转让、技术许可、作价投资等多种形式,充分发挥人才优势。同时项目产品由于科技含量高,易获得更大市场竞争力。

总结:气象因素对蔬果经济影响程度评价系统在这样的背景下产生,会具有相当广阔的市场前景与巨大的发展潜力。

2. 项目意义

（1）能在一定程度上解决受气象因素影响，大面积范围内农作物（蔬果为主）大量减产而导致巨额经济损失的问题。

（2）对蔬果价格规律的分析研究，有助于了解蔬果价格波动规律，对制定生产和供给政策措施具有重要现实意义。绿叶菜价格的剧烈波动受到市民、新闻媒体的广泛关注，也是观察居民消费价格指数的一个方面。

（3）该项目以提供一个信息平台的方式将对农业活动参与者的收益影响十分显著的天气因素进行量化，从而使农业生产链每一个环节上的从业者都能方便快捷的获得技术含量较高的信息产品，同时产品较高的专业性及针对性也使得产品用户能够在产品的使用中对自己的农业活动进行调整从而规避风险获取更大利益。该产品一定程度上弥补了公共气象服务中信息不精准、不直观、不全面的缺陷，能为灾害天气等不利天气因素对农业的影响提供很好的解决保障方案。

三、特色和创新之处

1. 特色

（1）如今的菜商绝大多数是以经验判断未来的蔬果销量，但由于天气的反常变化等因素，蔬果在某地供需不平衡的情况时有发生。本项目将气象条件进行定量分析并和近日的价格波动和人流量结合，突破了传统的"仅凭经验"，使预测的结果更为精确。

（2）项目的初期会采用免费提供气象灾害预警短信服务的方式，还会派出人员为部分大型客户做气象资讯服务，以此来吸引用户。

（3）本产品的受众面积非常广泛，包括农民种植户，大型蔬菜水果收购商，市面上小型菜贩，大型超市等蔬菜水果售卖点，投机进货者以及买菜者。

（4）项目提供的气象服务具有针对性，注册时顾客需注明自己的职业属性（例如农民种植户，蔬菜收购商，超市售卖点，小型菜商等）以及希望关注的农业服务，从而更好地针对顾客特定的需求给予特定的帮助，让顾客可以快速获取到自己需要的信息。

（5）本项目的核心产品有技术含量较高、精准度高、实时性强等特点，一旦推广成功容易占领市场，具有核心竞争力。

（6）为了更快更好地在消费者的心中占据有利地位，我们将注重与意见领袖的沟通。意见领袖是两级传播中的重要角色，他们利用人际传播网络中经常为他人提供信息，同时对他人施加影响的"活跃分子"。对于农商果商来说，价格预测方面的专家即是所谓的意见领袖。本项目将努力与意见领袖达成合作关系，通过他们的人际传播扩大知名度，增加消费群体对本项目的认同。

（7）本项目走品牌发展战略，通过不断增强气候预测技术，完善系统，保证技术领先。同时注重顾客的反馈，不断改进服务质量，在顾客心中建立负责、诚信的形象。

2.创新之处

(1)当项目积累一定资金后,可拓展金融业务。对部分菜商在极端天气来临前的投机进货进行投资,既能与他们建立良好的合作关系,又可从中分利。

(2)本项目可与气候期货公司进行合作,共同利用与完善预测蔬果价格的系统,有助于快速扩充市场。

(3)在预测未来几天的蔬果需求量时,本模型可对过去几年的蔬果销量进行统计,并利用统计关系来预测最终结果。对于传统预测模型来说,如果初始状态发生变化,就会毁掉整个预测结果,而使用统计关系来预测最终结果,不会产生混乱。并且影响蔬果需求量的因素众多,若要把所有因素都考虑进去,建立这样的模型的难度过大。

(4)采用APP、微信公众号与网页作为信息分享的平台,在当今这个手机客户端与互联网普及的年代,产品具备迅速扩大规模的条件。有利于与客户长期关系的培养,打造品牌忠实客户圈。且APP与网页可以给用户提供农业方面的时事,便于用户反馈意见,也使交易更为便捷。

(5)本产品采取增值服务模式。可给消费者提供更高层次的信息需求,如根据消费者的职业,店铺或商场所处的位置,以及更全面更精确的天气状况信息等。有利于使我们的收入来源更为多元化。

(6)气象灾害到来时,蔬果价格的变化一般十分剧烈;另外,持续(连续3天以上)受某种气象因子影响(如大雨、大雪)的地区,其蔬果价格也会有较大的波动。本评价系统将气象灾害与持续性天气状况导致的蔬果价格波动作为重要的研究对象。在提供预测服务时会将该情况作为一个重要的板块。

四、可行性及风险分析

1.可行性

蔬果价格波动与气象条件的定量模型是可以通过计量模型分析法等方法建立的。天气因素对蔬菜价格上涨的贡献率为也可进行量化。目前已有依据气象条件预测蔬菜产量的研究报道。气象条件对蔬菜产量的影响最终反映在供应量以及价格上,价格涨跌与气象条件有着十分密切的关系。曾有对上海地区蔬菜价格与气象条件关系进行的初步研究,揭示了绿叶菜价格涨跌的气象原因,为生产和销售部门提供了有益的信息,为绿叶菜农业保险提供了技术指标,也为绿叶菜价格气象分析及气象灾害影响评价提供了支持。还有研究根据某地青菜逐日价格及其同期气象资料,分析了气象条件对青菜价格涨跌的影响,并建立了气象条件与青菜价格涨跌的定量关系模型,为青菜价格趋势预测及灾害预估、评价提供技术支撑。

影响蔬果价格的因素众多,包括种植面积、种植茬口、农资价格、劳动力成本、运输成本以及供应量等,物价指数、消费心理和行为等也影响价格。本项目根据蔬果价格和气象资料,应用统计方法分析了影响蔬果价格涨跌的主要气象因子,即本研究采用了环比方法尽可能剔除非气象因素的影响,现从四个具体方面进行分别分析,再进行整合。

根据市场调查,如菜商、收购站商、菜农、果农等均对此类产品有不同程度的需求,而且此行业为朝阳产业,还有较大的市场空间等待拓展占领。同时相关政策的支持也提供了非常友好的创业空间,项目的研发、财务、管理挑战并不是很大。

2．风险分析

(1)市场风险

若项目产品信息准确性有一定程度的降低,则可能造成产品口碑下滑以及客源损失;因此类项目的运营主体有多、小、散的特点,市场竞争可能引起的行业无序状态可能使项目受挫,不利于项目的正常发展及规模扩大。

应对措施:规范内部管理,固化运作流程,实现对经营流程各环节的优化和控制,提高管控水平,降低经营风险;对产品信息准确性进行严格把控,并将信息产品准确性的不确定性写入客户条款,避免因信息产品的正常误差而造成农业生产损失的客户的追责。

(2)财务风险

资金利润率和接入资金利息率差额上的不确定因素以及借入资金与自有资金的比例偏大,都会带来财务风险。

应对措施:实行严格的资金借贷和运用审批制度,根据公司发展情况和资本市场成本变化,调整资本结构;使项目尽快产生收益,提高资产盈利能力;加大资本运营力度,构筑和拓宽畅通的融资渠道,为公司的发展不断输入资金;建立相应的风险预警机制,把可能发生的损失降低到最低;为避免项目在发生意外及其他各种不可抗拒因素给公司造成损失,将在财务预算中拨出专款,购买各种保险以规避风险。

(3)管理风险

本项目融资成功之后,相应在项目管理、资金运筹等诸多方面对合作公司均提出了高的要求。公司内部管理中存在诸如成本控制、人员变动、资金运营等方面的不确定性,将给公司的运营带来风险。

应对措施:吸引具有丰富投资管理、运营管理方面经验的人才进入公司管理层;制定完善各项管理制度。

(4)技术风险

高水平技术人才的流失以及核心技术的泄露都会带来风险。

应对措施:组建专业的高水平的团队,尽一切可能吸引高水平人才的加入,并为其提供特别保障,防止人才流失。投入大量资金用于核心技术的保密工作。

五、技术难点及关键技术

1．技术难点

(1)影响蔬果价格的因素众多,包括种植面积、种植茬口、农资价格、劳动力成本以及蔬果供应量(如外菜调入量)等,物价指数、消费心理和行为等也影响价格。要剔除非气象因素的影响,客观、定量地从价格序列中分离出气象因子的影响、建立气象—蔬果价格关系模型仍然具有一定难度。

(2)若要对气象因子进行定量分析,需要更为精确的天气预报系统,但提高天气预报系统的精确度在短期内较难实现,并且天气预报的准确性有季节差异。目前国内的天气预报在 3 天内的准确率可以达到 90% 以上,秋冬季大多天气形势比较稳定,7 天内的天气预报都是较为准确的;但是春夏时节,天气形势复杂,春季的一些弱降雨天气有时候很难把握,就是微量降雨或阴天的差异,特别是夏季容易出现短时强对流天气,比如是冰雹、短时强降水等历时快,范围小的天气时,3 天内的预报准确率也会下降。

(3)天气现象是复杂多变的。对蔬果价格波动进行分析时,如何找到影响蔬果价格变化的主要气象因子,排除次要气象因子的干扰也较为困难。

(4)在对蔬果价格进行预测时,由于不同地区的蔬果受天气影响的程度不同,因而价格的波动曲线也不会完全相同。本产品需要在通过气象——蔬果价格关系模型预测出的结果后,根据每个地区的具体情况调整预测值。

(5)蔬果的需求量不仅仅包括居民的直接需求量,还包括餐饮、加工、损耗等用途的需求量,但目前这些数据还没有准确的统计结果。然而,伴随着近年来我国经济的持续发展和人民生活水平的提高,蔬果加工业也在不断发展,外出就餐家庭数和家庭外出就餐次数也不断增加,使得蔬果的加工、餐饮需求量不断增加。另外,蔬果耗损量非常大。因此,想要统计出准确的蔬果需求量,精准预测蔬果未来几天的需求量还是比较困难。

(6)想要较为准确地预测未来较长时期的气候状况仍然比较困难。

2. 关键技术

在影响蔬菜价格的众多因素中,能够剔除非气象因素的影响,建立气象—蔬菜价格关系模型。

六、商业模式

1. 价值主张

批发商可根据我们所预测的蔬果价格波动决定各种类的蔬果进货数量;运货者可比较各地区的通货价格和预测的价格并结合我们根据天气状况预测的物流费用决定去哪运货、运多少货;零售商可以根据我们提供的数据决定进货的数量和种类,从而避免由于囤货过多导致降价销售或货物损坏造成的经济损失;购菜者也可参考预测价格决定是否提前购买蔬果。

2. 未来客户群体

主要是农民种植户,大型蔬菜水果收购商,市面上小型菜贩,大型超市等蔬菜水果售卖点,投机进货者以及买菜者。

3. 产品推广渠道

在起步阶段,网站放低会员准入门槛,以免费会员制吸引菜商登录平台注册用户以及下载APP;并且通过免费给会员发送气象灾害预警的短信来吸引更多会员。与此同时,网络,微信等平台的宣传也必不可少。在项目发展的过程中,仍然需要不断的迭代设计、优化产品,为客户提供更好的体验,提高产品口碑及知名度,积累更多用户。同时,还可对分享APP的顾客给予相应的奖励,例如会员积分等形式,促进产品的推广。

4. 价值配置

在建立优秀团队的基础上,打造易用平台和APP,并对其进行有效的市场推广。

5. 核心能力

打造一支高技术团队致力于研发APP产品,以及一支精于数值模拟和数据分析的团队,能够精准地分析出蔬果价格随天气变化的价格趋势。

6. 成本结构

市场费用,工资和奖金,其他运营管理费,风险资金。

7. 收入模型

本产品的受众面积非常广泛,提供的信息十分全面,包括不同蔬果在不同地区的近期行情、未来价格走向,以及预测运输费用,不同地区的天气情况及人流变化。获取经济效益的途径相对也比较丰富,包括流量费,广告赞助费以及用户订购服务的费用,且项目采取增值服务模式,一旦用户规模比较大的时候,就会通过为用户开发更多的收费的高级功能,促使用户付费使用来获取利润。前期,以满足用户需求的免费平台吸引用户,并在早期用户使用过程中不断改进和完善APP及网站的设计,解决一些技术难题以及根据反馈调整产品内容结构;中期,在用户量增长到一定程度的时候开始投放广告,获得广告费收入,同时开始实行会员制,用户需交纳一定费用来获得会员身份,即获取更精准精确的信息服务甚至定制服务。获得更多收入同时,迭代设计、优化产品,并以社交网络等形式进行推广,积累大量用户,提高产品口碑及知名度;后期,开发农业小额贷款项目,以投资形式与中小型农业活动从事企业进行合作,从而获利。还有一项贯穿始终的收入来源是流量费。

8. 成本资金来源

除创业团队投入的基础资金外,如有需求还可以采取贷款途径获取所需的经济基础,除此之外,该项目应可较快获得收益,因而能够吸引大量的风险投资,同时项目在运营过程中会不断产生经济利益,也可借助广告赞助商等投资获取项目运营资金。

七、预期成果和转换形式

1. 预期成果

根据初步估计,项目预算约为180万元,其中,融资金额大概需投资120万元左右,主要用于建设网站,购买及研发极端天气风险评价系统。60万元作为突发预算用以应对风险。产品从开发推广到试用期结束约需要半年时间,在这期间主要致力于提高 APP 和网站知名度,让更多的顾客了解关注我们的网站并使 APP。预计产品上市后一年内,巩固初期用户,吸纳更多付费用户以扩大市场影响力及市场占有率,项目估值达到 50 万元,逐渐过渡到盈利模式;预计两年内达到 150 万元,三年内达到预期估值 200 万元。服务客户群体将从小众扩展到大众,覆盖整个中国境内蔬菜水果市场,同时开始进行项目更深化的考虑与拓展。

2. 转换形式

为了更好地将产品成果转换为经济效益,首先人才队伍的建设,人员结构的优化是极为关键的,从需求来看,本项目最需要的便是技术型人才,对于引进渠道,应当采取广开引进渠道。其中,以留学人才为主体的海外人才是我国高层次人才队伍的重要来源,因此采取积极措施吸引海外人才,有利于在较短时间内突破技术瓶颈,提升技术水平。除此之外,可通过猎头公司引进领军人物和专业技术带头人,或者招聘网等发布招聘信息,还可与各大高校,当地人才中心合作挑选拔尖人才。其次,就是产品的不断优化和改造,在产品使用过程中不断了解顾客的具体需求,不断改进产品性能和功能,努力为顾客提供更全面的信息,打造更好的用户体验,增加客户群体的数量从而增加经济利益。再有,就是产品的推广,除了放低会员门槛之外,还可对初期用户分享 APP 给其他用户提供一定的奖励,把已有顾客作为另外一股宣传的力量,因为越大程度地推广出我们的产品,就能够越大程度上地获取经济利益。当然,在项目运营中,一定的营销手段以及资源管理和支配,都会让产品成果得到更好的展示和更充分的利用。

第二章　气象＋智能制造

一直以来，制造业的发展都是实现国家工业化、现代化的必要条件。随着全新的智能化生产模式和智能化产品的全面推广，智能制造也正逐渐改变着当下气象探测仪器、气象服务产品等的发展模式。传统的气象产品更多的只是局限于简单的天气预报，而从未实验过具有实体的产品，大量的数据限制，数据并联的不畅通，都极大地限制了气象产品的实体化，而当前智能制造为气象产品带来了实体化的曙光。

"观海测天"依靠独特的技术优势和资源渠道优势在设备的软硬件上已有了数十项专利，并且这些专利存在较高的技术壁垒，保证了无人机观测的竞争力，使用无人机搭载探测仪器来进行气象观测，弥补了目前大气探测在天空探测方面的缺失以及现有气象观测方式在准确性、连续性、高维持经费上的缺点与不足，拥有极好的市场前景。"地震闹钟"利用简单的原件，便能进行准确的地震预报，填补了当前全世界范围地震预警措施不够的空白，为地震预警产品提供了较好的范例。

"表里如一"——一款基于气象服务的智能手表本产品整合了天气预报、出行旅游、运动锻炼、健康医疗等当前较为成熟但使用相对较为分散的部分软件，并创造性地将这些软件集合到一个实体化的手表中，用户提供更好的服务。便携式气象站系统——气象平民化本产品基于集成芯片和传感器的综合应用，集成多项气象要素的可移动观测系统，实现了气象观测系统的便携化、小型化和简易化，使得气象资料的获取更加便捷，运用更加方便，更具有时效性。"自动调控的空气加湿器"产品通过对环境内湿度和温度的情况收集，自动调节自身加湿的程度，使环境空气湿度达到最适中的情况，避免因空气湿度不合适而造成的身体不适，实现了加湿器的全自动调控，营造了更适宜的生活环境。

观海测天

南京信息工程大学　陈　冲

一、项目简介

观海测天，在工业级无人机的基础上，深度集成了高精度气象监测传感器以及环境监测传感器进行海洋气象要素数据的采集。通过上述方式完善现有气象观测方式,为国家精细化气象预报、气象海洋科学研究、气象灾害应急等提供新的解决方案。

二、背景及意义

区域性的气象预报、海洋预报需要现在和过去的相关气象要素及海洋要素数据用于预测基础;在发生气象灾害、海洋灾害以及地震、洪涝等灾害时,需要实时的气象及海洋数据用于应急处理的参考;海洋及气象行业相关的科研工作者需要某地某时的观测数据进行处理分析,最后得到研究成果。

上述几种场景都需要特定时间、指定区域、指定剖面的海洋气象数据。没有数据,上述工作便难以展开。目前的气象数据及海洋数据采集方式有气象飞机、卫星、船舶、浮标站、气象站、雷达等;对于这种指定区域、指定时间、指定剖面的数据采集,它们或存在机动性、准确性方面的不足,或者是价格昂贵不利于普及。

国家为了建设海洋强国的发展战略,加强海洋气象服务出台了《海洋气象发展规划(2016—2025 年)》。该规划确定了全国海洋气象发展的指导思想、发展目标、规划布局和主要任务,对气象、海洋等部门建立共建共享协作机制做了安排,是未来十年全国海洋气象发展的基本依据。

自 2014 年,民用无人机市场规模从 42 亿元人民币增长到 2017 年 600 亿元人民币,国内外多旋翼无人机迎来飞速发展的时期。无人机领域出现针对航拍、电力巡检等专用产品,同时出现了垂直媒体、数据采集等服务。具有代表性的企业是美国的 Skycatch 公司,国内的科研高校和国家机构也各有成效,但受限于研发成本和产品价格均未能受到市场的追捧。根据艾瑞咨询网的调查报告,无人机数据采集的市场规模会从 2017 年的 3 亿元人民币增加到 2025 年的 40 亿元人民币,无人机数据采集市场方兴未艾,在可预见的未来,无人机集成传感器的数据采集方式一定会成为一种新型的数据采集方法,尤其适用于特定场景下的数据采集。

之前已经有报道称使用多旋翼无人机监测气象;国家海洋局近年来也是大批量引进海洋监测无人机。可见多旋翼无人机作为一种新型、廉价、可靠的气象海洋要素观测方式正在被市场接受;另一方面国内外玩家不断进入,在激烈的竞争中我团队致力于做出安全稳定的无人机观测平台。

三、特色和创新之处

(1)将气象与海洋观测与时下最流行的多旋翼无人机相结合,形成一种新型的海洋气象观测方式;通过将传感器深度集成,实现气象数据、图像数据与无人机姿态信息叠加在一起,是无人机与气象观测不只是简单的叠加,而是有机的结合。

(2)具备传统观测方式所不具备的机动性、灵活性,真正做到指哪测哪。现有观测方式如卫星,存在时间分辨率低、精度低等缺陷;探空气球方式观测方式已经处于淘汰的边缘,在可预见的未来一定会被取代;地面测站分布稀疏,对于一些微小尺度运动无法观察到,而且不具有机动特性。

（3）与卫星、地面观测站相结合,可以构成星空地三维立体化观测方式。现在太空有气象卫星和海洋卫星进行观测,地面有观测站点、观测船、浮标等;只有空中这块区域现有观测方式比较薄弱,大型气象飞机需要申请空域而且难以普及。如果无人机观测海洋和气象这种方式的技术能够成熟,就可以与天上地下的观测方式结合,弥补各自缺陷,形成三维立体画观测。

（4）解决了目前无人机在运行过程中存在的安全隐患,开发出能够保障观测平台安全稳定进行数据采集的相关模块。无人机载体可能价格不是很高,但是高精度仪器的造价不菲,在确保无人机观测平台能够安全稳定的测回数据这方面,我们进行了多方面的工作,能够保证观测平台的安全回收。鉴于此方面工作属于核心科技,在此不方便公开。

（5）在阿里云上建立海洋气象数据库,凡是使用我团队研制的观测平台,在工作过程中测得的数据都会自动备份到公司服务器中。一方面为了避免客户的操作失误使得数据丢失,另一方面备份的数据可以在阿里云上直接处理分析,最终生成行业报告,为日常的生产生活提供精准的解决方案。

四、可行性及风险分析

1. 可行性分析

本团队为南京信息工程大学海洋科学学院卫星海洋学团队,观测平台经过三年多的打磨,从需求评估、室内组装、仪器集成、功能开发到校内试飞、河试、湖试、恶劣天气下飞行,再到海试,共提交了 31 项国家专利申请,并在多次比赛中获奖。具备续航久、载重大、多仪器搭载、空中应急系统、仪器深度集成等技术优势。与此同时,本团队依托南京信息工程大学大气科学（全国排名第一）、海洋科学（江苏省优势学科）、计算机科学（ESI 全球排名前 1%）等优势学科,拥有独特的技术优势和资源渠道优势。

2. 风险分析

对于任何企业来说,风险都是客观存在的。本项目的风险主要来自于政策风险及技术风险。

政策风险方面,国内目前针对航模的飞行区域、标准,并没有明确的法律法规;利用航模搭载摄像仪器进行航拍、飞行,是否属于无人机范畴,暂时也没有相关的法律法规进行规定。由于航模飞行不仅存在影响航线的风险,而且报备手续复杂且漫长,"黑飞"现象时有发生,甚至出现过因涉嫌过失以危险方法危害公共安全罪被诉的事件。根据国际民航组织和各国空管对空域管制的规定以及对无人机的管理规定,无人机必须在规定的空域中飞行。我国目前正在沈阳、广州飞行管制区,海南省、长春、广州、唐山、西安、青岛、杭州、宁波、昆明、重庆飞行管制分区进行真高 1000米以下空域管理改革试点,标志着我国低空空域资源管理由粗放型向精细化转变。

本团队利用无人机进行气象海洋数据采集,将为气象海洋领域的科学研究做出贡献,且在签订合约时会规定由甲方进行空域申请。另外本团队成员拥有民用无人机驾驶员合格证,可以持证飞行。

技术风险方面,公司通过对关键技术的专利申请获得法律保护,建立技术壁垒。随着产品销售的不断持续,公司产品技术会随之不断外溢。外溢的主要渠道是竞争者模仿和企业人员流失导致的技术泄密等。这不仅会对公司的知识产权造成侵犯,而且也会对公司的市场份额形成冲击,对公司造成巨大的不利影响。

五、技术难点及关键技术

使用无人机集成相关传感器测量气象、海洋、环境变量包含以下几种技术难度,而本团队专利技术可以克服相应难点,因此项目具有较高的技术壁垒。

(1)远距离:目前我团队的一代机使用的是多旋翼无人机,配备 2 个 16000 mAh 的锂电池,空载情况下可以实现 70 分钟续航时间。之后的二代机会采用垂直起降固定翼,能够将续航时间拓展到 90 分钟。在无人机裸机方面我们可以与国内技术先进的厂商合作开发,在他们高性能的无人机基础上增设观测海洋气象数据所需的软硬件。另外我团队通过深度集成,不仅优化了线路,同时可以借助无人机自带的数传将传感器测得的数据传回地面,避免了每一种传感器都要与自身兼容的数传电台,极大地释放了载重空间。同时,使用多旋翼无人机自带数传传输数据的好处是在接收端我们可以将传感器所测数据与地面站软件的地图、运动轨迹相合成。这样呈现的效果是平台飞到何处,何处的气象、海洋、环境信息便显示出来(专利号:201621344666.X)。

(2)数据准确性:无人机自身螺旋桨转动带来的扰动风场会改变无人机所在区域的气象要素场,尤其是风向风速,还存在外界大风使得无人机机身倾斜一定角度的情况,在此情况下,如何能消除上述干扰因素保证测得的数据具有较高的精度,能够供科研人员使用。我团队对上述情况进行了风场建模,充分考虑了各种误差来源,进行了软硬件补偿,并且最终进过多场景测试,均能够将误差控制在可忽略范围内(专利号:201621235078.2,201720425336.1,201720359320.5,201620707296.5,201620756865.5,201620425997.X,201620377837.2,201621235078.2,201720425336.1,201720359320.5,201620707296.5,201620756865.5,201620425997.X,201620377837.2)。

(3)安全性、稳定性:无人机在远洋、高空、极地、大风、雨雪等不同环境下进行数据测量服务,如何确保其能稳定地完成任务并且安全地回收。由于是核心技术,在此只方便透露其中部分信息。我团队独立研发空中应急系统是该技术的一部分,它由三部分组成,分别是自动断电系统、航模电池转接头、无人机防沉装置。当独立传感器判断到无人机处于失控状态即将落水时,自动断电系统会下达指令通过电池转接头进行物理断电,同时独立 GPS 模块开始工作,最后通过防沉装置避免下沉和搜索 GPS 位置实现回收,回收的平台应为已经提前断电,所以大部分结构还能继续使用(专利号:201720359319.2,201720358747.3)。

六、商业模式

1. 价值主张

通过无人机数据测量服务,弥补现有数据测量技术的缺点,为各级海洋部门、气象部门、环境部门以及科研机构等,提供低成本、更灵活的数据测量产品及服务。

2. 运营模式

本团队发展初期主要分为研发、运营、销售三个部门,结构扁平化,部门之间的配合更加高效灵活(图 2-1-1)。

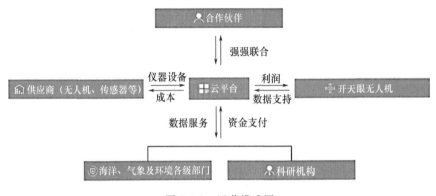

图 2-1-1 运营模式图

(1)供应商——从价格质量等方面筛选合适的供应商,签订长期供应合同,建立战略供应合作链,为本团队供应无人机、传感器及相关零配件,并对产品设备进行定期的维护与检修。

(2)云平台——通过购进的无人机及相关设备为云平台建立基础的硬件设施。与客户签订数据测量服务前的事项告知协议,规定数据的所有权及使用权。无人机观测的数据将传送并备份至云平台,并利用云平台对海量数据进行分析和筛选,将客户所需数据进行整理打包。

(3)合作伙伴——与无人机市场发展较成熟的无人机公司进行合作,本团队提供技术支持,并依靠对方的发展优势,实现双方强强联合,共同发展。

(4)政府部门及科研机构——二者是本团队的主要目标客户,此外,本团队也为其他有相关数据需求的客户(比如环保公司、工业园区等)提供相关的数据测量服务,并通过为其提供数据信息服务获得收益。

(5)无人机——除了承接业务的数据测量要求外,本团队也将不断对云平台数据进行更新和丰富,以求为客户提供更好的数据服务。

3. 盈利模式

本团队业务分为基础业务、核心业务以及增值服务。基础业务主要包括多旋翼无人机数据测量平台整机以及周边零配件的销售;核心业务为气象海洋要素的数据测量服务;增值服务可为有需要的客户提供数据筛选、数据分析等服务。

(1)单品盈利:通过销售本团队多旋翼无人机数据测量平台整机、定制测量平台以及周边零配件的方式获得盈利。"开天眼科技"凭借多年的开发经验以及对气象海洋监测的了解,为企业和机构提供具有针对性的解决方案和产品开发。

(2)服务盈利:本团队致力于气象海洋要素的数据测量服务,可以为相关领域的科研工作者、科研机构以及企业提供数据的采集承包服务。为有需要的客户提供数据筛选、数据分析等服务,以此获得营业收入。

(3)数据共享盈利:对云平台中的可公开数据进行分类筛选及整合,并进行数据打包,数据涉及海洋、气象、环境以及各类图像数据等方面,客户可根据需要,通过互联网在云平台进行数据有偿下载。

4. 市场保护

专利与域名保护:本团队目前已申请注册域名,可以对互联网云平台进行保护。同时,本团队对自主研发的技术正在申请相关专利,目前已受理 31 项,授权 8 项,公开 2 项,年内将完成 40 项专利,3 项外观专利,3 篇软件著作权,对"开天眼科技"系统产品做了充分的知识产权保护。

硬件产品加密:针对电子市场的普遍山寨现象,"开天眼科技"从技术层面做了充分的防范。产品硬件单片机在烧写时做 Flash 读保护,只允许用户代码对主 Flash 存储器的读操作和编程操作(除了 Flash 开始的 4 kB 区域不能编程)。这样破解者将不能用调试工具、内置 SRAM 或者 FSMC 执行代码等方式读出 Flash 中的代码。破解者也不能使用系统启动程序读取代码,因为要解除读保护,将执行整个芯片的擦除操作。同时,公司还利用设备的唯一 ID 进行加密保护。

七、预期成果和转换形式

根据本团队的产品与服务特性,对应的市场有 3 块,分别是海洋气象数据的采集与服务市场、无人机观测平台的硬件销售市场、数据库的盈利。据艾瑞网《2016 年中国无人机行业研究报告》,预计到 2025 年,无人机数据采集的市场在 40 亿元左右。我们切分的是海洋气象环境数据,可以占到数据市场的一半,所以这块的市场规模有 20 亿元。根据前瞻研究院调查,气象无人机保守估计 2020 年将会有 7000 架的需求,按照每架无人机保守 10 万元估计,将有 7 亿元的市场规模。而如果数据库有了一定的数据积累,我们可以将这些数据应用到日常的生产生活。根据中国大数据网报告,气象大数据应用市场规模预计到 2020 年将达到 105 亿元以上。

本团队秉承"做精致做极致"的产品与服务理念,将最好的产品呈现给用户,打造优秀的无人机测数据品牌。力争 1～2 年内完成盈亏持平,3～4 年实现千万净利润。产品战略规划如表 2-1-1。

表 2-1-1 产品战略规划

第一年	1. 温湿压、雾霾、风向风速无线传感器面世销售
	2. 六旋翼、八旋翼无人机平台面世销售
	3. 数据委托采集测量服务进入市场
	4. 进行海水采样器、大气采样器研发
第二年	1. 海水采样器、大气采样器面世销售
	2. 远距离无线传感器占据市场同类 1% 份额
	3. 六旋翼、八旋翼无人机平台面世销售
	4. 数据委托采集测量服务占据市场 4% 份额
	5. 进行油电双动力无人机平台研发
第三年	1. 远距离无线传感器销售占据市场 2% 份额
	2. 油电双动力无人机平台面世销售
	3. 数据委托采集测量服务占据市场 10% 份额
	4. 互联网云平台上线进行数据交互
第四年	1. 远距离无线传感器销售占据同类市场 3% 份额
	2. 开发出 15 种要素数据监测设备
	3. 数据委托采集测量服务占据市场 18% 份额
	4. 互联网云平台每天成功交互 100 次
	5. 品牌形象形成
第五年	1. 远距离无线传感器销售占据市场 5% 份额
	2. 开发出 20 种要素数据监测设备
	3. 数据委托测量服务占据市场 24% 份额
	4. 互联网云平台平均每天交互 200 次
	5. 采用大批量无人机进行数据测量

地震闹钟

南京信息工程大学 秦 钟

一、项目简介

以闹钟为媒介预报地震，为群众的安全提供保障。闹钟中的磁针受地磁场变化或地震前轻微地动影响产生摆动，接触触摸开关，使闹钟接通电流，发出预报闹铃。

二、背景及意义

地震又称地动、地振动,是地壳快速释放能量过程中造成振动,期间会产生地震波的一种自然现象。作为最严重的自然灾害之一,地震常常造成严重人员伤亡,能引起火灾、水灾、有毒气体泄漏、细菌及放射性物质扩散,还可能造成海啸、滑坡、崩塌、地裂缝等次生灾害。因此,如何监测地震一直是人们所关注的问题。中国地处亚欧板块、印度洋板块和太平洋板块三大板块交界地带,是个多地震的国家。近年来我国地震频发,对人民的生命安全和财产安全都造成了严重伤害、损失,因此做好地震的防范工作是很有必要的。本项目所设计的产品,以闹钟为载体,在原有的基础上加入可以监测地震的装置。产品中的磁针受地磁场变化或地震前轻微地动影响产生摆动,接触触摸开关,从而接通电流,发出预报闹铃。提醒使用者地震已经来临,为使用者留出宝贵的逃生时间。本产品原材料易于获得,成本低,能被群众接受。预计能够向地震多发区居民推广,并向其他地震多发国家推广,保证更多人地震发生时逃生的可能。

三、特色和创新之处

本项目的特色及创新之处在于将地震监测工具与实际生活用品相结合,使人们可以更容易地得知地震信息,在地震发生时可以有一定的反应时间,并且此产品在地震没有来临时还可以发挥日常生活中闹钟的作用,具备很强的实用价值。地震闹钟所占用的空间也不大,易于携带。同时地震闹钟构造并不复杂,制作所需材料都是日常生活中易于获得的物品,例如指南针,电压表,磁针感触器,多孔插座,三角插头电路线,电阻器及其他电敏元件,因此产品成本低,销售价格能够被广大人群接受。目前市场中还并没有大量出现此类产品,比较新颖。

闹钟铃声采用国家统一使用的地震警报铃声,具有警示并区别于闹钟普通铃声的作用。

我国的地震多发于欠发达地区,这类地区居民普遍消费水平偏低,他们并不能很好地利用网络获取地震相关信息,也没有相应的消费能力担负高科技的地震监测设备,而地震闹钟价格低的特点符合此类人群的消费水平,能够弥补偏远落后地区人群接受地震信息困难的缺陷。

四、可行性及风险分析

(1)产品材料可行:本产品以生活中常见的闹钟为载体,再借助指南针,电压表,磁针感触器,多孔插座,三角插头电路线,电阻器及其他电敏元件,进行组装易于达成。

(2)理论依据可行:利用磁针受地震前兆(地磁场变化或轻微地动)影响而产生摆动,接触触摸开关,使闹钟接通电流,发出预报闹铃。

(3)社会环境可行:本产品能够满足地震多发地区居民需求,给地震居民留有安全逃跑时间,保障群众安全。并且实用性强,原料成本较低,可以满足人们的心理价位,达到大区域普及使用。

(4)创新重点可行:以闹钟为媒介预报地震,为群众的安全提供保障。闹钟中的磁针受地磁场变化或地震前轻微地动产生摆动,接触触摸开关,使闹钟接通电流,发出预报闹铃。同时在日常生活中可以作为普通闹钟使用,并不额外占用存放空间,具有较高的实用价值。

五、技术难点及关键技术

1. 技术难点

受非地震干扰因素多,预报地震准确度不高。在闹钟随身携带运动过程中,不能预报地震。只有闹钟静止通电后,才能发挥功能。而且必须给它提供电流,使用三角插头电路。

2. 关键技术

闹钟上部分:闹钟顶端为一平面指南针,前列有一按动开关和电流指示灯,按动开关控制地震闹铃的关与开。闹钟前端上部分:为电压表改进结构的磁针感触显示屏。右边有一调节开关和铃声闪烁指示灯。调节开关:调节感触屏内衔接触摸开关的滑动铁片,滑动铁片指示地震级别大小。感触屏的中间位置为0级,两边双向标示数据依次为0.5级,1级,2级,…,8级,9级。当显示屏上的磁针(指针)接触到滑动铁片时,闹钟则发出地震报警铃声。指示灯:地震闹铃报警时闪烁,引起人们视线的注意,且让人区别于闹钟下端的报时铃声。地震闹铃使用方法:将闹钟平稳放于桌上,首先给闹钟摆好方位。注视顶端的指南针,使指南针指向中间线0位置(正北极)。闹钟后置三角插孔,用电路线将闹钟接上电,通电后指示灯亮。将滑动铁片调到0.5级的位置,磁针指向0位置静止后,打开地震闹铃。用手敲一下桌子,磁针晃动,闹铃发出报警铃声。关闭闹铃,将滑动铁片指向1级的位置,待磁针复原静止指向0位置,打开闹铃。将一磁铁轻轻靠近,磁针受磁力晃动,接触铁片,闹铃报警。

闹钟下部分:发挥普通闹钟的功能。前端为一时间电子表,下方有两个按钮,第一个负责调节电子表时间。第二个负责定时铃声的开与关。报时铃声单一,与上半部分地震报警铃声有明显区别。闹钟底部可放入电池,为电子表供电。

六、商业模式

我们会体现独特的创新思维,给产品赋予特色,让其在消费者心目中留下深刻的印象。定价是根据大量的市场调研得出的,主要考虑成本、市场、竞争等。

前期,我们会采用批量包邮方式进行扩展,等到用户积累到一定数量,形成自己产品的形象之后,再逐渐收费。后期主要进行产品的拓展营销。我们主要有两种营销方式。

1. 线下平台销售

(1)以大型连锁超市和专卖店为主,在商品上印刷相应广告,以其为平台进行销售。

(2)以路边个体商户为代表,签订协议,代为销售,并提供提成收入。

收入主要是为商家在商品上进行推广宣传而收取的广告费以及相关提成。广告可以提高产品知名度,增大销售量。产品获利较高时,可以考虑在相关网络平台上发布广告。而相关的商户对我们的产品进行熟人推销,若产品受到青睐,亲人朋友间会口口相传,有利于产品信誉提高。

2.线上平台销售

推行淘宝店、微店和微商销售,并且通过微信公众号,微博等热点网络平台进行宣传。

网络推销则更为便捷。首先在淘宝上开相关旗舰店,拒绝仿制品。可以与其他商品捆绑销售以及进行节日促销,根据市场需求适量发放优惠券和小礼品等。微博平台则可以每天发放少量促销广告、资讯等,开展集赞或转发小礼品活动。联系微商,带动身边的人进行购买,主要在网络,微信,QQ上进行宣传和代购。

七、预期成果和转化形式

我国地震主要分布在欠发达的地区。这些地区经济水平较低且医疗交通十分不便,人们较少关注网络。所以一款有地震预警作用的闹钟是有必要在这些地区推广的。首先,考虑到产品的可推销性,这款产品造价较低,符合当地居民的消费水平。其次,可以作为日常用品。当没有地震发生时,能够发挥闹钟本身的作用,当地震来临时还能够提前预警,可谓是一举两得,对于消费者来说更有价值。再次,我们的产品在做出改动后减小了误差,提高了预警的准确性,能够减少地震造成的巨大损失,保障了人民的生命财产安全,一定程度上减少国家在防灾救灾方面的人力物力支出,对提高社会的稳定和谐有一定的效果。因此,我们预期在地震频发地区对产品进行大力推广,尽量做到每家一个。如果有机会还可以与相关科技公司合作进行深入研发,提高产品质量,使产品外观多样化,进而出口到国外地震多发区,扩大经销范围。

当然,在互联网时代,一款产品要想立足,没有网络推动是不可能的。所以我们打算利用互联网模式,运行智能APP并建立相关的网站,并运营我们的微信公众号吸引更多人的关注。在网络平台上我们可以与相关的地理信息系统和卫星遥感监测及气象图相结合,发布第一手资料并进行相关的数据分析,呈现简明易懂的结果。当使用者的位置发生变动时,会自动进行GPS定位并相应切换到当前地区模式。同时,我们还会在平台上进行相关科普知识的趣味推送。

"表里如一"——一款基于气象服务的智能手表

兰州大学　陈子琦

一、项目简介

"表里如一"该产品旨在设计研发一款便于携带、以气象服务为主要功能的综合性智能手表。该款产品将集"旅游与出行""健身与运动""天气预报与环境监测"以及"医疗与气象"于一体,为用户提供全面、专业、优质的服务,尤其是该产品精致的外观、小巧的体积在健身运动和旅游出行中会更加吸引顾客。

二、背景及意义

1. 项目背景

当前社会,生活节奏快,人民需求高,智能化和人性化服务已成为市场发展的主流。当下,市场上已经出现了好多关于气象服务的产业,尤以手机 APP 为主,但是他们基本都是进行单一化的服务,并且这些软件都是搭载在手机平台上,例如,"墨迹"只是为用户提供了天气预报与环境质量状况,以及一些出行和穿衣指数等建议;"彩云天气"则相对专业地以地图显示的形式向用户提供了降雨的雷达回波图和空气质量图;像国外"Windy"也只是从气象角度进行了预报(图 2-3-1)。这些都没有将出行旅游、运动锻炼、与健康医疗等信息搭建在一起。

图 2-3-1　彩云天气(左)和 Windy(右)的截图

2. 项目意义

本项目旨在设计研发一款便于携带、以气象服务为主要功能的综合性智能手表。将综合性的气象服务体系搭载在了形似"电话手表"的设备上，不仅外形美观，而且易于携带。

当用户出行或者旅游时，"表里如一"会自动为用户预报天气状况，当有譬如"短时强降水"和"雷电灾害"等强天气时，"表里如一"会向用户提出"预警"，并以手表震动的形式让用户发觉；该产品也会向用户实时地提供环境空气质量情况，并提供一些应对建议；更为新颖的是，该产品将会利用"医疗气象"的研究成果，依据某些疾病的发病率与天气气候变化的关系，为用户"保驾护航"。

调查表明，20～45岁的跑步人群正在迅速崛起。因此，本产品针对这些人群，专门设计了"健身与运动"这一功能，将为用户提供优于其他手机 APP 应用的服务。譬如，"运动计划顾问"这一模块，根据用户对运动的天气存在个人偏好，将在此基础上，利用实时的天气情况和预报信息，帮助用户制定可行并最舒适的运动方案；"健康信息指导"模块将根据医疗气象以及其他方面的知识为用户提供各种天气情况下运动时应该要注意的一些知识；以及"绿色饮食助手"和"公益乐跑先驱"等模块均会为用户提供更好的服务。

三、特色和创新之处

1. 特色

(1)"表里如一"更专业。相较于其他一些气象服务类手机 APP，该产品将加强与气象局的合作，注重气象信息的获取、处理与发布等过程，第一时间为用户提供高质量的服务信息。

(2)"表里如一"潜在用户广。"表里如一"设计原型来源于"电话手表"，该产品已经获得了一部分消费者的青睐；由于该产品高度智能化的服务，简单易用，因此将会适用于各个年龄段的消费者，并会根据各个年龄段消费者的偏好，设计出不同的外形风格。

(3)"表里如一"功能丰富。该产品不仅能提供气象服务信息，也可以为用户提供电话通讯服务和计时等服务。

2. 创新点

(1)简单易用，携带方便

"表里如一"具有使用简单、高度智能化等特点，可适用于各个年龄段的人群；加之其外观精致、体积小，相较于手机等产品，"表里如一"更加易于携带，尤其是对于健身运动人员。

(2)多模块融合

该产品集合了"健身与运动""旅游与出行""天气预报与环境监测"以及"医疗气象"等模块，用户可根据自己的需求，在初始化时选择自己所需要的模块，也可以在之后添加自己所需要的模块,旨在为用户提供既专一又全面的服务。

(3)专业的气象服务

相较于其他气象服务类 APP,我们团队将更加注重信息的快速采取、处理及发布,不再做气象信息的"搬运工",第一时间为用户提供高质量的服务信息。

四、可行性及风险分析

1. 可行性

(1)团队特点——开发可行

团队成员具有扎实的大气科学专业基础知识,应用能力较强,熟练掌握了 Java 等软件开发语言,可成功地设计出我们团队所需要的产品。

(2)市场特点——推广可行

该产品以"电话手表"为设计原型,由于"电话手表"已经具有一定的消费者,因此在初步阶段,我们可与"电话手表"等厂家合作,将我们的软件嵌入进"电话手表",从而推向市场。当产品占据一定的市场之后,我们便设计出自己的"电话手表",进行销售。

(3)数据获取——运维可行

项目开发具有良好的数据支持。目前我国地面气象观测网已经建成,可提供多种空间高分辨气象要素数据。

2. 风险

(1)由于市场上已经有小米手环、电话手表等产品,在推出我们产品的同时,向用户推广具有一定的难度,占据市场需要一定的时间。

(2)在推出自己产品的初步阶段,需要与其他厂家合作,在"电话手表"等设备上搭载自己的产品,因此在与他们的合作过程中,可能会出现一些利益纠纷。

(3)由于产品所需要的理论知识部分尚不完善,因此在产品在服务过程中,可能会出现一些指导性偏差,让用户对产品失去信赖。

五、技术难点及关键技术

1. 旅游与出行服务

每逢节假日,游客出行时总是会先规划行程,检查沿途的天气状况,为自己定制一场完美、舒适的旅行。因此,基于此的气象服务类 APP 应运而生,在预报天气的同时,也为游客提供紫外线指数、穿衣指数以及其他的一些生活指数。因此对于"表里如一"产品的"旅游与出行"模块所需要的技术已经具备。

2. 健身与运动服务

运动爱好者们在健身时,也会选择气象条件比较舒适的时候。一般当有雾霾、沙尘暴发生时,很少有人选择户外健身运动。而且由于不同的气象条件也会带给运动者们不一样的感受,因此基于气象的运动服务类软件也步入市场。一些软件附带的运动指数就可以为用户提供这方面的信息(图 2-3-2)。

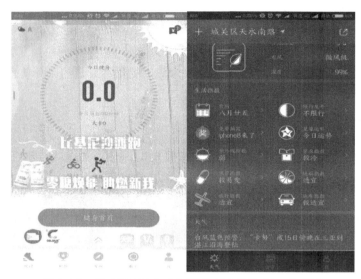

图 2-3-2　悦动圈(左)和天气预报(右)手机 APP 的截图

3. 天气预报与环境监测服务

关于天气预报与环境监测这一类软件在市场上非常之多,且大多数都只是气象数据的搬运工,但是"彩云天气"却做出了自己的特色,在发布气象预报信息的同时,将雷达回波进行拼图,为用户实时提供雷达回波图的变化。

4. 医疗与气象服务

天气气候的变化不仅会影响人类的生产、生活活动,而且与人们的健康息息相关。气象学不是医学,但是天气气候的变化可以为防病、治病和保健提供重要的信息。国际生物气象学会的成立,推动了医疗气象学科的发展,许多国家开始进行系统的研究,目前已有了许多科研成果。

六、商业模式

天气现象复杂多变,用户需求千变万化,本产品将为用户提供各种不同的气象服务,力求覆盖每位用户的所有需求,为用户进行 24 小时的"保驾护航"。纵观我国市场,尚未有如此产品,因此在市场经济的飞速发展下,本产品将会有广阔的市场前景。

1. 项目运营模式

该项目的气象综合服务体系设计成功后,将会以 APP 的形式搭载在"电话手表"等设备上,初步阶段与"电话手表"公司合作,推出自己的产品,当市场成熟之后,团队便自主研发属于本公司的软件搭载设备,其原型均会按照手表来设计,始终遵循"用户至上,方便易用"的原则。

2. 未来客户群体

据调查,以跑步或走路为主要运动的人群,在一二线城市中,正在迅速崛起,年龄主要在 20～45 岁,因此本产品的主要消费者将是这一群体,其次本产品也主要消费于喜欢出行旅游的群体。在未来,随着市场的扩大,各个年龄段的群体均会成为本产品的消费者。

3. 预期收入来源

初步阶段,收入来源于"电话手表"公司的合约费用,之后推出自己的一体化产品后,收入将源于"电话手表"销售硬件的费用。其间,也会对软件增设一些收费性服务项目,以增加收入。

七、预期成果和转换形式

"表里如一"前期将与"电话手表"等公司合作,以"电话手表"为搭载平台,推出自己的气象服务系统,首先占据喜好运动与旅行等消费者的市场,之后逐渐占据各个年龄段消费者的市场。当"表里如一"具有一定的市场之后,团队将自主研发"电话手表"搭载平台,实现一条龙的生产服务。将产品推出国外,走向世界。

便携式气象站系统——气象平民化

华中科技大学　张森瑜

一、项目简介

便携式气象站系统是一款集成多项气象要素的可移动观测系统。它通过集成芯片和传感器的综合运用,实现了气象站的便携化、小型化和简易化;通过蓝牙等传输手段传输后,在 PC 端进行实时数据处理,并准确实时地反馈给用户气象信息。

二、背景及意义

(1)随着大数据时代的到来以及各种人工智能产品的市场综合应用,越来越多的产品以及项目表现出更强的对有关气象方面的数据支持和综合分析的依赖。越来越多的产品表现出更多的便携性和实时性。随着时代的进步,人们对气象的关注与重视日益加深。自 2012 年以来,绝大部分地面气象观测转变为自动观测或半自动观测。毋庸置疑,随着气象事业的发展,各种类型的自动气象站将不断占领市场,成为气象观测的主导。而自动观测站能弥补常规气象站不能连续的不足,这为气象决策服务提供了有力的数据支撑。

(2)看云识天气的时代早已过去,我们每天都能用各种各样的设备(智能手机、电脑、电视等等)接收到很多天气预报。但是很多情景下我们的用户其实不需要类似于气象站提供的特别精确复杂具体的气象数据,而需要的仅仅只是其中很少的一部分——这些数据的实时性和地理准确性,但国内并没有能够突出气象数据实时性和地理位置准确性这些功能的 APP 并且目前有些气象资料无法实现数据共享。

（3）本项目设计的便携式气象站通过集成芯片和传感器的综合运用,实现了气象站的便携化、小型化、简易化。目的在于解决目前气象资料共享机制不完备、野外考察时设备较大型而不易携带且设备种类过多的问题,并为各种需要便携式气象站设备的消费人群提供相应服务。

（4）目前国内存在的气象站市场更多针对的是公司项目和大型项目,虽然比较精确,但是体积较大且过于笨重,而且更致命的弱点是它只能起到一种观测数据的作用,而不能实现将数据共享甚至进行气象数据的分析。所以目前国内市场存在的便携式气象站的销量并不好,无法真正意义上实现便携和封闭的数据观测功能成为阻碍此类产品发展的最大因素。因此我们的便携式气象站系统立足于做一个可以实现实时数据传输共享的、可以真正意义上实现便携(类似于可手持等方式)的"便携性气象站"来弥补现有气象站的不足。

（5）传感器集成芯片的发展速度令人吃惊,单位面积芯片上的晶体管的数量可以实现每年翻一个数量级。各种各样的传感器体积质量也越来越小,灵敏度却越来越高。IC芯片集成封装技术完全可以实现将传统意义上的气象站系统集成在一个仅有手机大小的外壳内。而且随着集成芯片技术的持续高速发展,很有可能利用类似于索尼公司生产的"模块化手机"的思想理念来生产"模块化便携式气象站系统"。将传感器实现可拼装化和模块化,并实现便携式气象系统的 DIY 功能。

总之,以目前的芯片传感器发展水平,我们的便携式气象站系统是完全有可能实现的。

三、特色和创新之处

（1）本项目设计的便携式气象站通过集成芯片和传感器的综合运用,实现了气象站便携化、小型化、简易化。本项目设计的气象站可以基本实现对温度、湿度、风速以及气压等气象信息的采集,再通过用户传回大数据结构,经过 PC 端的分析处理数据,实现对用户所在地区的气象信息的实时更新。

（2）此便携式气象系统实现了真正意义上的"便携"。本产品采用"手持＋底座"的模式,用户在具体使用时可以使用"手持模式"进行瞬时数据采集,也可以使用"底座模式"实现连续数据采集。产品体积和普通智能手机大小相当,完全不会对用户的便携性体验产生困扰。

（3）此便携式气象站系统可以实现数据的传输、共享、分析,可以通过用户传回大数据结构,经过 PC 端的分析处理数据,实现对用户所在地区的气象信息的实时更新。系统可以利用自己所带的芯片和处理器对已经测得数据进行初步分析和反馈,也可以根据用户需要,将数据通过网络传回主机,在 PC 端进行大数据分析处理,再将数据传回用户并分享给其他用户,从而实现对用户的数据的再加工再处理,实现其他气象站实现不了的快捷和数据处理。

（4）此便携式气象站系统操作简单并且算法精细,可以在很多地理环境恶劣的地方进行气象数据的监测,比如一些山区等,可以将测得的数据作为补充、辅助官方的气象数据,使官方的数据可以更加准确、实时。由于体积小便于携带,它也很适用于科学研究人员携带。

(5)本产品成本不高,可以在未来实现量产。一方面,可以实现产品的外形改造,让它有更多的功能、适应更复杂多变的环境。甚至可以实现"路灯气象站"模式:在每隔一定距离的路灯上固定一个便携式气象站系统,实现气象信息的全面监测,让更多的气象站投入服务,这无疑会颠覆未来气象信息的获取方式和准确实时程度。另一方面,也可以通过改造升级传感器和芯片来实现硬件的升级,通过深度开发 APP 来实现配套软件的升级。传感器在未来可以向"模块化气象站"模式发展,类似于"模块化手机",将能够单独实现监测某一气象数据功能的芯片和传感器进行封装,在使用的时候只需要通过自己的需求来拼接各个模块就能实现自己想要的功能操作。这样的一种用户 DIY 的形式不仅可以降低功耗、延长寿命,也可以实现用户操作的可选择性。

(6)此便携式气象站系统可以在中后期开发相应的 APP,将数据提供给普通民众,甚至可以加入更多的普通民众喜欢使用的社交元素,如:添加一个图像识别集成芯片,通过用户所拍照片来识别天气并进行相关气象科普等。总之,我们的便携式气象站系统不仅仅是要提供服务给公司、科研人员以及一些对气象信息敏感的用户群,也要把气象服务提供给普通民众,以期实现这个系统的循环可持续。

四、可行性及风险分析

1. 可行性分析

(1)集成电路可以实现大型数据小型化,这就使得气象站的数字化和便携化成为可能。在硬件方面,本项目设计了一套已经可以存在的小型气象站,采用飞思卡尔 MC9S08AW60 单片机采集温湿度、气压、风向风速及雨量传感器的信号,经串口通信 RS232 转 RS485 后,可传至千米以外的 PC 机,PC 机端采用 LabVIEW 接收和显示来自串口的数据,同时可将这些数据通过网络传送至其他计算机。随着集成芯片的快速发展和传感器的微型化,完全可以实现本产品的科技需求,在未来甚至可以做到更小,直接可以作为手机连接端进行传输数据。在软件方面,可以利用和其他智能操作系统结合,实现 APP 以及 PC 端应用的深度开发和升级更新。

综上,在软件的开发和硬件的集成问题上以目前的科技水平都是可以解决的了的,而且会随着科学技术的进一步发展会不断实现后期软硬件的升级更新。

(2)在面向对象和使用需求方面,正如之前所言,随着时代的进步,人们对气象的重视与关注日益加深。本项目设计的便携式气象站目的在于解决目前气象资料共享机制不完备、野外考察时设备过于大型而不易携带和设备种类过多的问题,以及为各种需要便携式气象站设备的消费人群提供相应服务。主要面向消费对象为科学研究项目人员、气象行业相关公司、气象行业相关人员以及气象爱好者等需要便携式气象站设备的消费人群。中后期加入社交元素的 APP 以及和其他气象公司合作之后,可以利用强大的社交元素实现面向对象转移扩大化,将对象转移为普通民众,通过免费向他们提供更加准确的气象信息和气象服务实现 APP 的推广使用以及硬件的推销,而此时也可以加入更多商业元素,比如利用广告来实现扩大化宣传。在以后需要更准确实时的气象信息的时代可以和当地政府和气象局合作,实现类似于之前提到的"路灯气象站系统"这种便民化的公共设施的建设。

综上,在消费人群和项目营收方面,可以说是很有发展前景,并不存在项目小众化以及产品销售不出去的现象。

2. 风险分析

(1)由于考虑到消费人群在使用本便携式气象站系统时可能不是像气象站那样连续工作。因此,出于降低产品功耗的考虑,本产品采用了可充电锂电池作为电源供电,但这将导致产品无法实现 24 小时不间断提供准确实时气象预报。

措施:电源的短板并不是只有这种产品才具有的,可以在根据前期的市场产品反馈来及时进行产品的更新,如果市场反馈需要添加直流充电装置,可以在之后的产品更新中添加。

(2)由于本产品的上部分传感器为了采集数据不得不采用裸露在外面的方式,而这些传感器又都很灵敏,所以传感器的寿命可能不是很长,这将影响顾客的消费情绪。

措施可从以下几个方面解决。

① 本产品设计了传感器可拆卸装盒,可以提醒消费者在不使用时,将传感器装盒对其进行保养。

② 可以根据市场反馈增加一些机械部件来保护上部的传感器。

③ 本产品可以考虑加入后期保修,优化使用体验。

④ 产品的后期 APP 运行可能需要随时根据情况进行更新换代,而在前期用户量相对较少的情况下,难以实现用户之间的数据共享以及全方位的数据解析,因此要在产品的前期宣传方面加大力度。

五、技术难点及关键技术

本系统技术难点和关键技术主要集中在采用的集成芯片和传感器的衔接封装以及 PC 端的数据处理算法上,以下是团队参考了众多资料之后挑选的可以采用的单片机传感器以及芯片(由于可供参考的资料有限,所以传感器等信息可能有所出入,具体的产品可能会使用更加先进的传感器以及集成芯片),在数据传输方面采用了利用蓝牙模块传输,虽然传输速率受限,但是考虑到功耗以及利用率,本产品还是采用了蓝牙传输模块。

本产品将智能硬件系统抽象为硬件模块、智能客户接受(手机端)模块和服务器模块。在硬件模块中,针对智能硬件系统对功耗的要求,产品采用低功耗蓝牙技术,并基于低功耗蓝牙芯片 CC2540 实现了传感器数据的传输。在智能手机模块，采用和 Android 系统的蓝牙结构实现与 CC2540 芯片的数据通信，完成了智能手机对传感器数据的接收和处理。服务器端模块针对智能硬件系统对数据传输和处理的性能需求，设计了数据传输格式方案、服务器容器方案和一个分层次的软件结构。最后完成传感器数据在整个智能硬件系统三大模块之间的交互。并且给出硬件模块的功耗和丢包率。

1. 在硬件方面

本项目设计了一套已经可以存在的小型气象站，采用飞思卡尔 MC9S08AW60 单片机采集温湿度、气压、风向风速及雨量传感器的信号，经串口通信 RS232 转 RS485 后，可传至千米以外的 PC 机，PC 机端采用 LabVIEW 接收和显示来自串口的数据，同时可将这些数据通过网络传送至其他计算机。

2. 风速传感器

采用 RY-FS01 风杯式风速传感器，用于实现对环境风速的测量，其输出信号为标准 4～20 mA 的电流信号，可广泛用于智能温室、风力发电、船舶、码头、索道、气象站等环境的风速测量。其量程为 0～60 m/s，供电电压为 DC 12 V，精度为 ±5%，环境温度为 −40～80℃，传输距离大于 300 m，响应时间小于 1 s。风向传感器为 RY-FX01 风向传感器，可测量室外环境中的风向，测量分东、西、南、北、东南、西南、西北、东北八个方向。工作电压为 DC 5～12 V，其中，棕线输出高电平，风向为北，红线为东北风，黄线为东风，绿线为东南风，蓝线为南风，紫线为西南风，黑线为西风，白线为西北风。

3. 湿度传感器

采用电阻式氯化锂湿度计。这种元件具有较高的精度，同时结构简单、价廉，适用于常温常湿的测控等一系列优点。氯化锂元件的测量范围与湿敏层的氯化锂浓度及其他成分有关。单个元件的有效感湿范围一般在 20% RH 以内。内部包含相对湿度传感器、温度传感器、放大器、14 位 A/D 转换器、校准存储器（E2PROM）、易失存储器（RAM）是、状态寄存器、循环冗余校验码（CRC）寄存器、二线串行接口、控制单元、加热器及低电压检测电路。

4. 气压传感器

MOTOROLA 的 MPX4115A 系列集成压阻式气压传感器具，有较大的输出信号并可进行自温度补偿。这种芯片可靠性高，经济性和适用性均符合要求，其输出与外加压力成正比。MPX4115A 测量范围是气压 15～115 kPa，输出电压范围是 0.2～4.8 V。

5. 电源

电源选用锂电池，蓄电池额定电压 12 V，额定容量为 7.0 Ah，采用 LM7805 将 12 V 转 5 V 为单片机及各传感器供电。

6. 蓝牙模块以及数据传输系统

采用蓝牙4.0技术对采集到的数据进行无线传输,然后通过以太网技术将数据传输到远程的监控终端。基于蓝牙4.0传输的无线数据采集系统,设计重点为处理器单元模块、数据采集模块、蓝牙网关模块的硬件电路,并对各功能模块的硬件设计原理进行分析。为满足无线数据采集的需求,数据采集模块采用电池供电,而网关模块采用电源适配器供电,因此,硬件电路设计了两路电源供电。本设计中的蓝牙网关是蓝牙协议和 TCP/IP 协议的结合,负责蓝牙无线网络和以太网之间的数据传输。接下来对系统的各个功能模块进行了软件流程设计,包括数据采集模块软件设计、蓝牙4.0模块软件设计和蓝牙-TCP/IP网关软件设计三部分。

7. GPS 定位模块

GPS 模块的 GPS 芯片采用全球市占率第一的 SiRFIII 系列。由于 GPS 模块采用的芯片组不一样,性能和价格也有区别,采用 SiRF 三代芯片组的 GPS 模块性能最优,价格也要比采用 MTK 或者 MSTAR 等 GPS 芯片组的贵很多。现阶段也持续在芯片升级,比方 SiRF4,然后又是 SiRF5,总体灵敏度提高了不少,缩短了定位时间,同时也帮助了客户快速地进入了定位应用状态。

8. 结构设计

便携式结构设计,采集器与传感器采用一体化设计理念,无须安装拆卸工作,开箱即可测量,可放在各种现场环境的随意位置监测使用(田间、树丛、建筑、山谷等),是目前为止使用最为便捷的气象观测站,核心监测部分整体重量不超过 5 kg,高度集成,体积小巧,携带方便,同时可配置车载式托盘支架放在车顶进行移动观测,便于现场应急性气象服务,可以有效地保证数据的及时性、准确性。

9. 芯片

各种品牌(常见的品牌如华邦,ITE 等)的 I/O 芯片都在不断努力改善和更新。因此,任何测试软件的数据库不能包含所有品牌,所有型号的芯片。其他配件,如图形卡,硬盘,也是同样的道理。尤其是面对新的硬件,测量不准确的概率测度。另一方面,温度传感器的硬件本身也可能存在错误。

10. 数据采集器

数据采集器采用高性能微处理器为主控 CPU,大容量内置存储器,便携式防震结构,工业控制标准设计,适合在恶劣工业或野外环境中使用,且具有停电保护功能,断电后已存储数据不会丢失,当交流电停电后,由锂电池供电,可连续工作 48 小时以上。

综上,用几个方面来概括本产品的技术难点和关键技术如下。

① 传感器的数据采集难以精确。

② 传感器和 CPU 主机的数据传输以及数据输出显示。

③ 各个传感器模块的封装和衔接。

④ 数据经仪器蓝牙传输给手机 APP。

⑤ 大数据的算法结构要不断优化。

六、商业模式

（1）通过向客户售卖自己的产品获取利润，同时经过多个用户的信息处理，得到更加准确可靠的实时气象信息，实现准确及时的信息传输功能。同时本产品也可以用于一些大型气象站很难安设的山区等地理环境比较恶劣的地方。本产品的受众面广，而且可以提供免费实时的气象信息以及气象数据分析，产品有较高的精确度，可以使传感器感应准确率达到与现有的自动观测系统匹配率达 95% 以上。总之，面向市场优势很多，总结起来，我们不仅是更加便捷的天气预报，也是更加便宜的气象测试仪器。

（2）可以在后期用户量增大之后实现用户数据共享。结合 GPS 可以提供更加准确的地理位置信息，让用户可以根据 GPS 来真正实现气象信息的全球化。根据不同的操作系统深度开发免费服务型 APP，结合 APP 的数据采集以及数据分析，同时开发大数据结构的主机 PC 端的算法研究。根据市场反馈来不断改进产品，一方面，可以实现将产品的外形改造，让它有更多的功能以适应更复杂多变的环境。甚至可以实现"路灯气象站"模式：在每隔一定距离的路灯上固定一个便携式气象站系统，实现气象信息的全面监测，让更多的气象站投入服务。另一方面，也可以通过改造升级传感器和芯片来实现硬件的升级，通过深度开发 APP 来实现系统配套软件的优化。将传感器在未来可以向"模块化气象站"模式发展，类似于"模块化手机"，可以将能够单独实现监测某一气象数据功能的芯片和传感器进行封装，在使用的时候只需要通过自己的需求来拼接各个模块来实现自己想要的功能。这种用户 DIY 的形式不仅可以降低功耗、延长寿命，也可以实现用户操作的可选择性。

（3）后期可以开发 APP，结合地图 APP 实现全国气象一览，同时加入社交元素，通过让不同的用户群来分享自己的气象以及心情实现宣传社交一体化。同时主要营收方式为和其他气象公司合作以及向一些公司以及项目成批出售产品来获取利润。在 APP 方面，可以利用广告费以及建立自己的产品线上商城来获取利润。

七、预期成果和转换形式

1. 预期成果

由于本产品所涉及的传感器、芯片等都已经有可以直接封装的实物产品，而集成技术也在这两年内发展迅速，所以本产品完全可以被短期内制作出来，并且实现量产。

第一代产品和在本文中的产品模拟在外观以及使用芯片模式上都基本一样，初步可以通过集成芯片和传感器的综合运用，实现气象站的便携化、小型化和简易化。并通过蓝牙等传输手段进行 PC 端的实时数据处理，准确实时反馈给用户气象信息等功能。第一代产品虽然比较简易，但可以实现主要功能。主要面向消费人群：气象公司、科研人员、气象爱好者等对气象信息敏感的人群。

第二代产品主要通过配合深度开发的 APP 来加入社交元素,同时修改外观来适应不同的消费人群,更新各种传感器和芯片以及算法,尽量实现降低成本。推出不同的适用人群的版本,可以采取定制的销售模式来获取更多的销售利润。加入地图信息来实现大数据共享和用户动态分享。

第三代产品一方面可以和专业的气象公司合作,为政府以及大型项目服务,比如"路灯气象站系统"的实施等。另一方面可以将本产品实现"模块化气象站系统",通过销售不同功能的传感器,让客户自己根据需求 DIY,实现更加人性化的气象服务。

2.转换形式

(1)第一阶段

① 先实现本产品的市场试水,根据市场反馈来及时更新产品添加功能,并得到产品的第一阶段的市场需求反馈。

② 着手开发与本产品相关的 APP。

③ 第一阶段的收入主要来自于销售产品所得的利润,销售方式可以使用传统销售模式和针对性销售模式。

(2)第二阶段

① 将改进后的产品根据第一阶段市场需求反馈来生产更多数目的产品,根据具体的需求改造升级传感器。

② 同时将推出相应的 APP,将面向对象扩大到整个人群。第二阶段主要着手软件端的开发更新、大数据 PC 端算法的完善升级以及加大本产品的宣传力度。

③ 第二阶段的利润来自产品的销售利润和向有关气象公司出售该便携式气象系统获取的利益。

(3)第三阶段

① 实现整个产品的"模块化",通过大量制造传感器封装实现用户自己 DIY 系统。

② 通过和其他气象公司的深度合作,来给用户提供更加准确详细的气象信息。

③ 加入社交元素同时加大宣传力度,深度开发 APP。提供给客户可定制的产品,同时也可以打广告、点击量来赚取费用。

④ 第三阶段的利润主要来自于出售产品获取的利润、出售传感器的销售利润、通过打广告获取的点击率、下载量的收益。

自动调控的空气加湿器

成都信息工程大学 胡炜济

一、项目简介

本项目主要通过加湿器在对室内湿度和温度的情况收集,自动调节加湿器的强度,使环境空气湿度达到最适宜的情况,避免因空气湿度不合适而造成的身体不适。这是一款实时自动调控的空气加湿器,目的主要是改善我国北方干燥的室内环境。也是一款家庭、宿舍用的室内免安装仪器。

二、背景及意义

我国加湿器的发展是一个由简单到复杂,由模仿到自我创新的发展过程,在加湿器领域中,特别是在我国工业发展近现代阶段,我国的加湿器产品也发生了很大的变化。加湿器以前主要是用于工业领域,现在也慢慢用于农业领域,农业上的保湿,工业领域的很多方面都需要加湿器。我们相信随着人们对生活水平的提高以及人们对工业加湿的需要,加湿器的发展将是突飞猛进的一个发展过程。加湿器也成了大部分家庭的必备之物,尤其是北方的家庭。北方冬天干燥,加湿器可以解决室内湿度不足的缺点。根据市民对加湿器的看法的调查报告,我们了解到加湿器在使用过程中有以下几大不足。

(1)加湿器在增加湿润的同时,如果一直处于工作状态会滋生许多细菌。长时间的过度潮湿会为细菌繁殖提供生长的环境。如果没有及时清理,会让加湿器成为细菌滋生的场所,对抵抗力比较差的老人和孩子产生不良影响,会引发咳嗽,或是哮喘等疾病。

(2)对患有风湿性关节炎这样的病人,长时间使用,屋内湿度过高会造成关节的疼痛等。

(3)加湿器不宜 24 小时的使用,要时停时用,这样不会造成使用过度。

根据这些情况,我们认为可以适当避免这些不足,对传统加湿器进行了一些改进,改善了一部分传统加湿器的不足。

空气湿度与人体健康以及日常生活有着密切的联系。过低的相对湿度会造成皮肤干裂及瘙痒等现象,合适的相对湿度会使人感觉非常舒适,维护人体健康,提高工作效率。另外,合适的湿度环境也有利于保护房间装修,延长家装的使用寿命本项目主要通过加湿器对环境内湿度和温度的情况收集,自动调节自身加湿的程度,使环境空气湿度达到最适中的情况并且根据外界自动调控是否要继续加湿,避免因空气湿度过高和加湿时间太长而造成的身体不适。是首个实时自动调控的空气加湿器。目的主要是改善我国北方干燥的室内环境。是一款家庭、宿舍用室内免安装仪器。对于大部分的北方地区,无论哪种取暖方式,都会蒸腾空气里的水汽,这是必然的,南方天气湿度大,冬天用暖气对他们来说非常好,一个是除湿,一个是保暖,但是在北方,天气本来就干燥,再使用任何暖气都会使空气更加干燥。所以,对于大部分北方家庭加湿器是很必要的。改进加湿器更有助于人们的身体健康,同时也可以防止因为空气干燥而导致的身体不适。

三、特色及创新之处

传统的加湿器主要存在着加湿过度或者加湿不到位的情况,会使用户感到不舒服,特别是对老年人和一些风湿或呼吸道疾病的患者,对空气相对湿度的要求会更高,而传统的加湿器显然无法满足这类人的需求。人很难通过直观感受判断出空气湿度的高低程度,一般北方室内相对来说会更加干燥,需要使用加湿器来控制空气湿度,但目前的加湿器很容易将空气湿度增加得过高,让人感到不适,所以需要有一款可以自动控制加湿的加湿器来满足人们对空气湿度越来越高的要求,方便我们的生活,这具有很大的现实意义。

随着人们生活水平的提高,人们对空气湿度的需求无非是为了身体的舒适和健康,而尤其是对风湿或呼吸道疾病患者来说,显然对空气湿度有不同的需求。相比于市面上传统的加湿器而言,新型加湿器不仅能够最大可能地满足老年人和呼吸道疾病患者对空气湿度的需求,其具有的室内自动加湿功能还能减少原本身体健康的使用者因过度依赖并使用加湿器而患上呼吸道疾病的可能性,最大程度上避免了使用加湿器对人们的健康造成的不利影响。

同时,如今人们的生活节奏越来越快,不管是上班族还是学生党,拥有的空余时间都很紧迫,而新型加湿器具有的自动加湿的功能,不仅能够节约出人们调节加湿器的时间,还能够使人们在一回到家就能够享受到具有合适湿度的空气,用户的体验很明显会比传统加湿器要更加好。

当然,室内自动加湿的功能还能够满足不同环境的人对室内空气的需求,传统的加湿器存在着加湿过度或者加湿不到位的情况,比如说对于对北方干燥的室内不适应但在北方工作和读书的南方人,由于南北方空气湿度差异大,所以即使使用了传统的加湿器,也不一定能够满足这类人对空气环境的需求,而具有室内自动加湿的功能的新型加湿器就能够很好地解决这个问题。

室内自动加湿并控制合适湿度的设计不只是能用于家庭生活或者宿舍,也能在对湿度控制有一定要求的企业使用,对于这些企业来说,他们对湿度的精度要求可能会比家庭或宿舍更高,一点小小的误差可能就会导致成本的亏损,而传统的加湿器显然很难满足高精度的湿度需求,而自动加湿并控制合适湿度还能够节约人力,使这类企业的利益实现最大化。

总之,室内自动加湿并控制合适湿度的设计,很大程度上改善了传统加湿器的不足,让室内的湿度能更加满足人们的生活需求,尤其是对一些患有风湿或者呼吸道疾病的人们来说,在具有合适的湿度的空气中生活也会极大地改善他们的生活质量。

四、可行性及风险分析

1. 可行性分析

(1)空气质量的下降使人们越来越关注生活中与空气质量有关的问题,南方冬季愈渐干燥的空气和北方本身就十分干燥的空气使大众的目光移向了加湿器,但长期使用传统的加湿器会增加使用者因过度使用加湿器而患呼吸道疾病的可能性,而自动加湿并控制合适湿度的加湿器则能减少该可能性。再者,随着人们对空气关注度的日益提高,群众对加湿器的需求在原本就比较大的基础上还会增长,故自动加湿必定能受购买者的青睐。

(2)此项目自动加湿的技术关包含自动探测当前环境空气的湿度等。现今消费者对于产品的关注点不仅限于功能,产品的外观等因素也极大地影响着消费者。因此产品设计方面的要求也相对要更高,现今产品设计行业已发展得十分成熟,用户对产品外观的设计需求完全能够被满足。

(3)首先加湿器不会对环境造成负面影响,相反它是一款人工改善生活环境空气的仪器。其次配备自动加湿与控制湿度功能的加湿器为用户省去了调节加湿器的时间,必定能给消费者带来更优质的使用体验。

(4)此项目不仅可以用于卧室、客厅、办公室、教室等生活、工作的场所,还能应用于汽车、火车、飞机等移动场所内,故此项目的应用范围十分广。

经过从受众层面、设计技术层面、环境角度、用户使用方面和应用范围五个方面的分析,此项目可行性十分高。

2. 风险分析

(1)在捕捉到自动调节湿度这一功能的优势上,消费者的观点可能因年龄的不同而出现明显的差异,对于青年人而言,因为他们接触的信息化时代中的新技术、新产品较多,所以能够更好地理解自动调节湿度的自动功能为生活、工作和学习所带来的便捷性;相反对于中老年人来说,若已经使用过传统的加湿器,则可能会质疑自动调节湿度加湿器的实用性和高效性。也就是人们可能无法迅速认识到新型加湿器的优势,从而新型加湿器在推广前期可能达不到一个较好的效果。

(2)一款功能好的产品对推广的信息传播要求仍然十分高,现今网络发达,碎片化获取信息的方式日益流行,因此想要更好地将一款新的产品宣传出去让大众收到信息便成为新的难点。也就是推广的信息传播存在困难。

(3)总的来说大众面对一款新的产品总还是会有将其与原产品进行各方面比较的想法,人们有可能对新产品保持观望态度从而使自动控制湿度加湿器的前期销售遇到困难,进而导致产品在市场上的前期推广变得困难。

（4）现在市场上商品种类及功能繁多，大众对于加湿器早已屡见不鲜，推出的带有自动控制湿度功能的加湿器未必能立马受到消费者的关注，并且已习惯于使用传统加湿器的消费者可能会认为带有自动功能的加湿器不一定能更好地改变他们的需求。其次国内的同类物品繁复，意识到自动调控需求的客户量初期较少，在推广成功后这一现象会减弱。

五、技术难点及关键技术

1. 关键技术

（1）高精度 DHT22 温湿度传感器

DHT22 数字温湿度传感器是一款含有已校准数字信号输出的温湿度复合传感器。它应用专用的数字模块采集技术和温湿度传感技术，确保产品具有极高的可靠性与卓越的长期稳定性。

传感器包括一个电容式感湿元件和一个 NTC 测温元件，并与一个高性能 8 位单片机相连接。因此该产品具有品质卓越、超快响应、抗干扰能力强、性价比极高等优点。

单线制串行接口，使系统集成变得简易快捷。超小的体积、极低的功耗，信号传输距离可达 20 米以上，使其成为各类应用甚至最为苛刻的应用场合的最佳选择。

DHT22 数字温湿度传感器精度较高，可以替代昂贵的进口 SHT10 温湿度传感器。在对环境温度与湿度测量要求较高的情况下使用，该产品具有极高的可靠性和出色的稳定性。

（2）STC89C52

STC89C52RC 是 STC 公司生产的一种低功耗、高性能 CMOS8 位微控制器，具有 8 k 字节系统可编程 Flash 存储器。STC89C52 使用经典的 MCS－51 内核，但是做了很多的改进使得芯片具有传统 51 单片机不具备的功能。在单芯片上，拥有灵巧的 8 位 CPU 和在系统可编程 Flash，使得 STC89C52 为众多嵌入式控制应用系统提供高灵活、超有效的解决方案。

（3）超声波雾化器

超声波雾化器利用电子高频震荡（振荡频率为 1.7 MHz 或 2.4 MHz，超过人的听觉范围，该电子振荡对人体及动物绝无伤害），通过陶瓷雾化片的高频谐振，将液态水分子结构打散而产生自然飘逸的水雾，不需加热或添加任何化学试剂。与加热雾化方式比较，能源节省了 90%。另外在雾化过程中将释放大量的负离子，其与空气中飘浮的烟雾、粉尘等产生静电式反应，使其沉淀，同时还能有效去除甲醛、一氧化碳、细菌等有害物质，使空气得到净化，减少疾病的发生。

2. 技术难点

（1）温湿度感受器只能感受小范围温湿度的变化，对于较大空间内的温湿度变化,需要考虑当时当地天气情况、人为原因以及加湿器喷雾效果及喷雾范围,综合考虑,情况复杂,难以准确计算。

(2)控制程序的编写需灵活多样化,能够考虑多种特殊情况,同时当机器运行出现故障,还要考虑其自动恢复功能。针对不同的地区要考虑不同的情况,结合大量数据进行修改参考,得出最佳范围。这需要较高的数学计算能力以及软件能力。

(3)芯片在长期在水雾环境下工作,其工作寿命会减短,隔绝水雾的同时还要保证其散热正常,来保证其正常运作。

六、商业模式

项目运营模式采用设计＋销售型(哑铃型)的经营模式。

初期通过融资开始进行加湿器的初步生产,团队完善和工作室建立。

前期通过高校宣传等宣传方式,进行商品的初步推广。采取线上(微商)等销售方式进行销售,商品的送达全部依靠快递完成。

通过前期的商品反馈对商品进行改进升级,渐渐增加投入市场的仪器数量。开始新一轮融资计划。

客户群体渐渐由高校学生往社会中高收入阶层方向扩展,通过完善的售后服务和定期的产品更新获得一定的稳定市场,在主要发展城市逐渐设立实体铺面。产品的配送到门店通过内部部门运作,保证稳定。主城市开展上门送货服务,提供更好的用户体验。快递以及上门送货的服务两种送货方式供客户选择。同期可以开设淘宝、天猫、京东的网上商城,扩展生产线开始大量生产。组建稳定的更新团队保证产品更新的稳定,除了仪器本身的改变湿度的精确、使用舒适以外,对于外壳和形状也要进行同时升级,每次更新都要做到更加简洁而美观。同期可在主要城市进行广告宣传,由地铁广告为主,因为客户群体选择地铁出行的概率较大,所以选择地铁中进行广告宣传较其他广告方式更划算也更高效。同期可以和大型超市,商城购物中心等合作,设立装有加湿器的休息室,通过这种方式对产品进行推广。

接下来在网店和实体店适时地推出相关副产品的推销,如可以加在加湿器水体中的熏香、清新剂等,稳定发展后扩展更多门面,开始研发相关智能产品,如保证氧循环的空气净化器等,因为存在一定的市场,这部分产品的推广会较为方便,同时已经拥有部分客户基础,这部分产品的销量也有一定的保证。同期可开展与有意愿改变校园宿舍、教室、图书馆环境并且拥有资金能力的北方高校的合作,优惠销售给他们,定制的固定式加湿器,提供安装和固定检修服务。获得更稳定的客户群体。获得一定口碑后可以推销更多副产品进入高校。同期将对实体店铺进行改装升级,设立独立的体验室,吸收更多的客户。同时也可开展对湿度有需求的各个企业之间的合作。

在后期,除去稳定的产品推广升级换代之外,可以通过对净现金流进行投资、融资创造财富。

七、预期成果和转换形式

项目的预期成果为原型的智能加湿器,成果直接转化为产品,即转化形式为科技人员自己创办企业,或通过融资技术入股创建公司,进行公司建设以及产品销售。最终成为销售加湿器为主,辅助产品以及相关产品为辅的分为线下体验以及线上线下销售的品牌商品公司。待技术成熟以后,还可以将自动控制感控环境湿度的系统剥离出来,成为一个可附加的小原件,也可就此扩大了此产品的市场范围,同时也能与市场现有的加湿器厂家进行合作,扩大交易范围,使之不仅用于加湿器在其他方面也能得到更广泛应用,例如空调、空气清新装置等都可以使用这个系统,使仪器在原有基础上性能得到提升,效果也变得更好,更能满足人们对事物的需求。后期成为除去面向社会大众销售各类精致产品(如香薰、熏香药草等)以外,还可以与北方部分高校以及对湿度有要求的公司(对保存环境,制造环境等湿度环境有需求的)(如雪茄、酒类保存等)进行合作。如此一来,不仅使我们的装置得到了推广,更使合作方的产品达到更好效果,最终实现双赢。当今社会,每一样东西都有竞争对手,人们在选择货物时也会货比三家来选择最合适的、性能最优的。如果一台仪器能同时达到两台不同仪器的效果,那么对消费者而言,在选择时是会优先考虑的。而对于生产厂家和卖家而言,就有了很大的竞争优势,能从中脱颖而出。将加湿功能系统化、模块化,从长久发展来看,也满足十九大提出的"加快生态文明体制改革,建设美丽中国"的理念,将自动加湿功能独立化的理念,减少了资源的浪费,提高了仪器的性能,同时最大化满足人们的需求,为社会发展绿色化、可持续化奠定了基础。

第三章　气象＋信息技术服务

当今人工智能技术使气象探测与其地领域实现交叉发展，而物联网的构建则将更加有效地为气象产品调配所需资源，APP 的广泛应用则增强了用户的交互性，增加对气象服务的直观了解。信息技术的发展大大促进了气象领域的发展，同时也催生出了一系列智能产品的问世。

"基于物联网的全时空智能交通降尘系统"采用智能降尘除霾隔离栏、城市道路环境在线监测系统、后台大数据综合管理系统在内的城市智能降尘除霾系统，全时空的，高效率、低干扰的实现对城市雾霾的清除，优化城市空气。"基于社区医院与天气变化的健康管理预警手机小程序"则通过开发一款健康应用的手机小程序，与天气预报相关联，在容易引发疾病的天气到来前针对敏感人群提供先期预警，并联合社区医院对敏感人群提早进行检查治疗，为敏感人群提供了安全保障。

"气象股票智能 APP"以天气变化(事件)对环境类股票变化的影响研究为依托，建立相关关系模型，根据天气变化(事件)预测结果对环境类股票的未来变化趋势进行预测，对投资者进行环境类股票的概念性指导和购买指导，有效规避市场风险。"天气医生"智能物联健康服务平台以气象环境对人健康的影响为基础，借助物联网与人工智能，结合服务对象所在地区的天气状况以及气候条件，为服务对象提供精准的天气状况及天气预报、相关疾病的预防与监测，并利用物联网智能调控环境要素，为人们提供健康舒适的工作环境。

"基于车载观测仪器下的气象大数据综合服务系统"则是将气象观测仪器搭载于共享单车上，利用其移动性大、投放量多、骑行过程中覆盖范围广，及本身具备 GPS 定位功能等特点来获得高精度的气象大数据，并根据所获大数据实现气象服务的精细化、准确化发展。"职业气象 APP 项目——以外卖配送员为例"则利用目前的气象数据处理、全息投影技术，开发一款针对外卖配送员的 APP——骑天，为外卖配送员提供天气状况、路线规划等信息，提高外卖配送员在不同气象环境下的配送效率。

基于物联网的全时空智能交通降尘系统

兰州大学　曲宗希

一、项目简介

本项目设计了包括智能降尘除霾隔离栏、城市道路环境在线监测系统、后台大数据综合管理系统在内的城市智能降尘除霾系统。利用物联网技术、远程联动控制实现即时性压尘、连续性润地、科学化尾气过滤、大数据预警、精细化管理的控尘除霾措施。

二、背景及意义

随着兰州市工业产业的发展,经济发展获得了长足进步,但在享受发展成果的同时,由于人们不注重环境保护,破坏自然环境,以及兰州市特有的带状河谷盆地地形,污染物难以扩散,使得兰州市空气状况不容乐观,兰州市民的健康受到极大的威胁。2016 年 3 月 24 日兰州市环境保护局发布《兰州市大气颗粒物来源解析研究(2014—2015)》显示:第一位污染源为扬尘,汽车尾气作为第二大污染源,占全市污染物总量的 20%,前两位污染源贡献共计超过 50%。随着机动车数量的不断攀升,加上兰州城市公共交通和路网建设不够发达,造成道路拥挤,堵车现象严重,特别是汽车怠速条件下行驶会使尾气排放量增大,在交通干道形成污染带,导致空气质量恶化。针对这一环境问题,兰州市政府实施了蓝天碧水工程,自 2010 年开始全面大力治理兰州市的大气污染,大气质量得到了明显改善,在大气污染治理方面取得了一定的成绩,形成了"兰州模式"。而其中一项比较受人关注的措施——洒水降尘对环境的改善起到了举足轻重的作用。有关研究表明,兰州两山夹一河的特殊地理位置导致城内大气污染物很难扩散,其中主要成分是悬浮在空气中的可吸入颗粒物 PM_{10},因此,洒水降尘是目前兰州市抑制扬尘污染的最有效措施。

从"兰州蓝"到巴黎气候大会上的"今日变革进步奖",兰州市大气环境治理的进步有目共睹。但是,最新数据显示:2016 年空气质量综合指数和优良天数在全省 14 个市州均为第 14 名,且优良天数低于 2014 年和 2015 年。与此同时,国家大力推进生态文明建设,对环境空气质量提出了更高的要求,传统洒水措施不能满足时代需求、缺陷和负面效应逐渐凸显。一是在经济成本方面,洒水车运载量有限,洒水里程较短,导致运营成本增大。以 2016 年兰州市城关区为例,人员成本每月共计约 66 万元人民币,全年共计 792 万元;洒水车及雾炮车共 92 辆,成本共计 3858 万元;用水成本全年共计 1000 万元;油费及维修费全年共计 300 万;洒水工程年成本共计约 5950 万元。二是在社会舆论方面,57% 的被调查居民赞同继续实施该项洒水工程,但要求对其不合理方式进行改进;少数居民认为洒水车水资源浪费严重,同时粗放式的洒水方式水滴直径较大,会造成路面泥泞、破坏路面、居民出行不便等问题。三是洒水车在交通高峰期时作业,会进一步加剧交通拥堵,同时冬季洒水过多会使路面结冰,居民出行不便,甚至引发交通事故。四是洒水车的实时运行,消耗大量汽油、柴油等能源,排出的尾气又间接造成空气的二次污染,造成社会成本增高。而最新投入使用的雾炮车采用雾化形式与洒水车相比在降尘效果上有一定提高,但由于其运载量限制,喷雾里程较短,不能持续改善道路空气质量;有关专家也表示,雾炮车水雾直径较大,不能有效吸附雾霾颗粒,且喷雾覆盖面有限,喷射水雾不能均匀覆盖路面;同时落后的喷雾方式致使其他车辆视线受损,影响交通状况,进一步加剧道路拥挤。

三、特色和创新之处

本项目针对传统的交通污染治理手段(洒水车、雾炮车等)存在的诸多问题,提出一套全新的科学治理手段。相比传统的治理污染措施"全时空主动防御智能降尘除霾系统"具有如下特点和优势。

1. 全时空(突破传统洒水工程局限性)

(1)时间维度:24小时全天候监测和喷水作业。

(2)空间维度:每条街道,兰州市全覆盖,且网格化精细化治理,治污降尘效果更为显著。

2. 主动防御

相比传统被动防御我们的系统根据颗粒物监测实现自动喷水降尘作业,当空气质量恶化时立即喷水、瞬时抑尘,且依据后台大数据预报系统提前在指定区域喷水。

3. 畅交通

传统洒水车、雾炮车在进行洒水作业时会带来交通拥堵问题。本项目可解决洒水车、雾炮车这一问题,缓解目前交通拥堵情况;同时利用物联网和大数据技术可进一步构建智能交通预警系统、舒畅交通。

4. 成本低

传统洒水方式针对性不强,浪费人力、物力、财力。本系统相比传统洒水工程后期维护成本低,节约水资源,自动化程度高,节省传统人力、物力。同时可为传统洒水工作人员,通过培训上岗,提供新的就业机会。

5. 效率高

克服传统洒水手段定时定点粗放式洒水的方式,利用高科技手段可根据大气环境状况,按需进行喷水降尘作业,治污效果更为显著。同时,系统配备有自动监测车辆感应器,当检测到有车辆通过时能自动停止喷水,降低无效喷水,达到节省水资源的目的。

6. 多种工作模式

可根据季节和天气条件切换不同工作模式,尤其针对冬季空气污染不易治理的问题,专门设计了冬季工作模式,防止喷水导致路面结冰。同时,S 系列兰天卫士配有空气过滤外挂、超声干雾除霾系统,可对机动车尾气及微米级颗粒物进行过滤和沉降处理,从而从源头上除尘除霾。

7. 全时空实时监测

可对颗粒物浓度进行实时监测,监测数据通过数据采集传输系统传送到后台监控系统,对全兰州市空气质量实现精细化网格化监控,将分析数据及时呈送政府有关监管部门,与现行的"网格化管理"相配合,有效地监管住污染源,做到对造成污染的相关单位和个人惩防并举。

8. 后台大数据智能分析

后台系统对收集到的实时数据,利用人工智能技术进行数据挖掘,可为每个网格点提供颗粒物浓度短时预报,更好的配合相关部门科学、合理的安排工作计划。

9. 道路绿化

道路两旁安置的智能喷水隔离栏可替代传统道路绿化洒水车及绿化喷头定时为道路两旁绿化带进行浇水工作。

10. 故障监测

后台系统可实时监测每个节点处喷头的工作状态,在出现异常或损坏时自动断水断电,并及时向后台反馈问题,方便及时维修和维护。

四、可行性及风险分析

1. 可行性分析

通过前期市场调研工作,本项目符合国家信息技术和节能环保产业的政策要求。本项目秉承"互联网＋"理念,利用物联网,大数据等先进技术,将成为一个成功的科技成果转化案例。针对交通扬尘污染,提出一套全新的解决方案。

从项目技术实施角度来说,本项目主要是科技创新项目,项目理念新颖,但所使用技术手段均是现有成熟技术,不存在很大技术障碍,实施难度整体不大。

项目属于公共设施技术建设类项目,与政府合作模式为 PPP 或 BOT 模式,即政府购买服务,前期通过与政府签约,以项目或政府相关部门为担保,进行项目前期资金的融资或银行贷款,项目建成后,我们拥有项目 5～10 年的运维权,政府每年向我们支付一定项目运营费,来保证项目拥有稳定收益。

项目团队成员均是来自兰州大学的博士研究生,专业分工到位,集合了环境监测、自动控制、数据挖掘等领域。

项目实施建成后,可带动建材、建筑、软件开发等相关产业的发展,拉动 GDP 增长,增加税收,解决就业等问题。本项目在科技创新方面占有较大优势,可为制造业及相关科技行业带来机会和利润。

2．风险分析

（1）核心技术风险及对策

风险：本项目的核心技术是智能喷水隔离栏的结构设计及制作工艺。目前，虽然该核心技术的国家专利已在申请中，但国内有许多类似工艺技术可以借鉴，存在潜在的技术泄露风险，技术很可能被模仿。

对策：通过和该技术的研发人讨论与协商，充分认识到该技术所面临被模仿的风险，抓紧申请专利的相关工作，从而充分保护核心技术。

（2）市场风险及对策

风险：由于产品进入市场时，填补了高科技交通降尘设备的市场空白，且采取高起点撇脂定价法迅速地切入市场。当我们的降尘设备被市场所接受和吸纳时，其高额的利润会吸引来众多的市场挑战者和市场跟随者。此外，专利保护到期或者是竞争对手模仿成功甚至技术突破，企业的生存空间将相对缩小。另外，初步沟通销售渠道（如拿到政府相关部门建设批文）难度较大，从而影响高科技产品创新的投资回报。

对策：应该以市场主导的身份力争扩大市场供给以满足日益增长的市场需求；建立一套完整的市场信息体系，制定合理的销售价格，增加公司盈利能力。与客户保持密切联系，在巩固原有市场的基础上，进一步向国内影响较大的城市北京、上海等地发展，同时逐步进入海外市场。公司必须格外重视售后服务，并不断改善售后服务质量，扩大售后服务的深度和广度。

（3）融资风险及对策

风险：一个全新的产品，打开市场需要一定的过程和时间，因而不可避免地出现产品销售不畅，造成产品积压，从而给公司资金周转带来困难。新产品的开发研究、新项目的投产和扩建、销售网络的建立、国内外市场的开拓等需要较大的资金量，目前本项目的融资方式主要依赖风险投资，融资渠道的单一限制了本项目的融资能力。

对策：增加项目产品的附加值，提高产品形象及市场竞争力，积极拓宽销售渠道，从而增强项目还贷能力。本项目还将积极拓展国内资本市场筹资，同时还将以加强银企合作等方式扩大融资渠道。通过进一步的增资、收购兼并、资产重组等资本运作方式，不断拓展融资渠道，增加项目的融资能力。

五、技术难点及关键技术

"基于物联网的全时空智能交通降尘系统"依据"城市道路环境监测预警模型"，在城市道路机动车尾气排放与二次扬尘扩散理论基础上，充分利用物联网、人工智能及数据挖掘等最新技术，针对城市道路汽车尾气污染和道路扬尘等问题提出了集监测、预警、降尘除霾功能"三合一"的解决方案，能够24小时全天候在线监测环境空气状况，形成精细化、网格化的全市道路环境监测网，通过后台大数据挖掘预报系统可提前在指定区域进行预防作业,在道路空气质量恶化前实现主动防御、智能除尘(图3-1-1)。本系统核心技术主要包括:智能降尘除霾隔离栏(图3-1-2),城市道路环境在线监测系统(图3-1-3),后台大数据综合管理系统(图3-1-4)。智能降尘除霾隔离栏与后台大数据管理系统利用物联网技术实现信息互联,后台系统可在1秒内对前台每条街道的智能降尘除霾隔离栏进行远程联动控制,从而根据道路污染情况科学化安排降尘除霾作业,每小时可对全市每条街道完成10次以上的降尘清洗作业。另外为节省水资源,实现少量精准喷撒雾滴使地面潮润不积水,我们为降尘除霾系统设计了一种"脉冲波浪式工作法",可配合交通灯,在绿灯时从道路尾部依次向前进行喷水作业,从而减小水雾对司机视线造成影响。对城市主次干道可实现即时性压尘、连续性润地、科学化尾气过滤、精细化管理、大数据预警"五位一体"控尘除霾措施,真正实现联动化、科学化、目标化、机制化的环境治理要求。此外,我们根据兰州市不同季节和天气变化特征,为后台大数据管理平台设计了多种工作模式可供选择,分别是智能工作模式,季节工作模式(春季防尘模式和冬季治霾模式),昼夜工作模式,应急工作模式。

本系统能够实现24小时不间断工作,而且精准、高效、提升工作效率;占地面积小(畅交通)、运营成本低、可减少70%人力成本。通过智能监测与控制实现了治污降尘作业自动化,可与环保、环卫、交通等相关部门配合,更好地发挥其作用。同时,科学、先进的治污理念与技术的引入,进一步减少了相关部门工作量,为实现可持续发展、推进科学治污长效化,建立长效的大气污染治理机制,提供了更为有效的新手段。

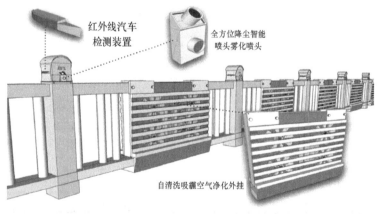

图3-1-1 基于物联网的全时空智能交通降尘系统

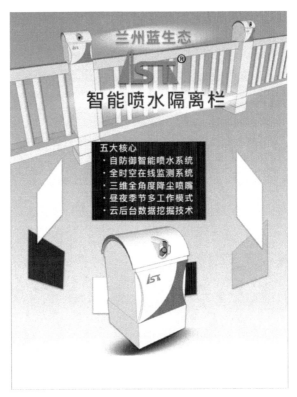

图 3-1-2　智能降尘除霾隔离栏

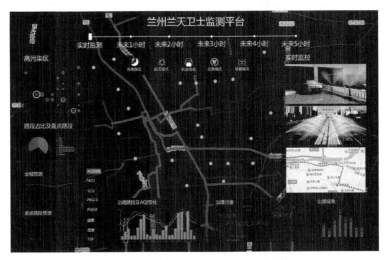

图 3-1-3　城市道路环境在线监测系统

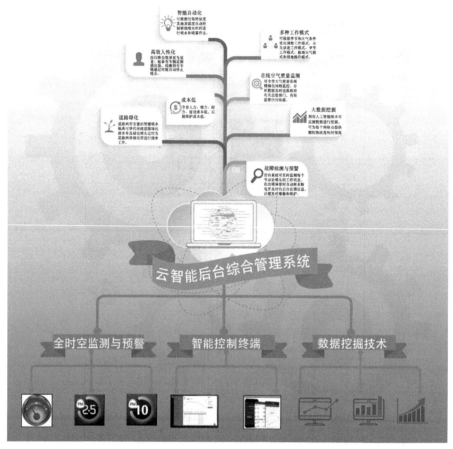

图 3-1-4　后台大数据综合管理系统

六、商业模式

本项目针对交通道路进行环保设施的建设与运营,属于公共基础建设领域,面向的主要客户群体是政府相关部门,主要采用 PPP、BOT 等运营合作模式,即政府购买服务。主要收入来源是建设完成后,通过每年对环保设施的运营、维护,向政府收取一定的项目运营管理服务费。

PPP 模式是一种优化的项目融资与实施模式,以各参与方的"双赢"或"多赢"作为合作的基本理念,其典型的结构为:政府部门或地方政府通过政府采购的形式与中标单位组建的特殊目的公司签订特许合同(特殊目的公司一般是由中标的建筑公司、服务经营公司或对项目进行投资的第三方组成的股份有限公司),由特殊目的公司负责筹资、建设及经营。政府通常与提供贷款的金融机构达成一个直接协议,这个协议不是对项目进行担保的协议,而是一个向借贷机构承诺依据与特殊目的公司签订的合同支付有关费用的协定,这个协议使特殊目的公司能比较顺利地获得金融机构的贷款。

BOT 模式即建造-运营-移交(Build-Operate-Transfer)模式。BOT 模式是一种将政府基础设施建设项目依靠私人资本的一种融资、建造的项目管理方式,或者说是基础设施国有项目民营化。政府开放本国基础设施建设和运营市场,授权项目公司负责筹资和组织建设,建成后负责运营及偿还贷款,协议期满后,再无偿移交给政府。BOT 方式不增加东道主国家外债负担,又可解决基础设施不足和建设资金不足的问题。

随着政府进一步放开基础设施建设和公共服务领域,政策的引导和市场化的推进,环保行业的经营模式也在与时俱进、不断创新,新的商业模式将吸引更多的社会资本进入环保行业,并推动其快速发展。

七、预期成果和转换形式

在未来的三年里做 2～3 个大中型城市(全市覆盖)的"基于物联网的全时空智能交通降尘系统"项目,做到保质保量完成,树立行业影响力。三年内累计实现企业总收入 80000 万元、实现利润 12000 万元,项目估值在 20000 万元。公司城市环保设备业务未来三年将实现高增长,2017—2019 年预计增速在 60% 以上,净利润增速将超过营业收入增速。首先,公司作为行业内优秀企业将受益于行业的稳定增长;其次,在城市环保行业集中度较低的大环境下,公司凭借其在品牌、研发、技术创新、施工和资金等方面的综合竞争力,市场份额在未来将稳步提升;公司的主要客户——政府部门及大型企业,其市场份额的提高也将促进公司业务的增长;最后,随着公司针对城市生态环境保护的科技创新水平不断提高和环保产业产能在未来的释放,将直接提高公司未来的毛利率水平,使公司净利润增速有望超过营业收入增速。预计实现市场占有率逐年提升,为社会创造更多的经济价值,并成为甘肃地区城市环保设备研发、生产、销售的龙头企业。

基于社区医院与天气变化的健康管理预警手机小程序

中国石油大学　王婉婷团队

一、项目简介

我们预期通过开发一款健康应用的手机小程序,与天气预报相关联,在容易引发疾病的天气出现前针对敏感人群提供先期预警,并联合社区医院对敏感人群提早进行检查治疗。有利于疾病的潜在患者提前根据自身健康状况对季节多发疾病进行有效预防及治疗。

二、背景及意义

随着社会生产力水平和人民物质生活水平的日益提高,在物质生活上基本得到满足的人民群众越来越看重自身的健康问题,这一点我们可以从健身房、保健品市场日益火热中得到充分的证明,同时,借助国家医疗体制变革的东风,我国社区医院正在城市化进程中发挥着越来越大的作用,为提升人民健康水平贡献自己的力量。那么,如何向人民群众宣传正确的医疗健康知识,宣传医疗气象的相关知识,如何满足在发展过程中出现的医疗资源发展不均衡的问题,更好地满足群众对医疗资源的需求,就成为一个新问题。同时,如何打开群众了解气象知识的新的窗口,促进气象学科与其他学科专业上的融合发展,让天气预报更好的服务人民群众也是我们所关心的重大问题。

我们设想,通过开发一款健康应用的手机小程序,与天气预报相关联,在容易引发疾病的天气条件下针对敏感人群提供先期预警,联合社区医院提早进行检查治疗,将疾病尽早控制在摇篮之中,降低恶性疾病突发概率,同时在传染病多发时节降低传染病的发生水平,并对疫苗接种等医疗服务进行及时提醒,向群众及时宣传正确的医疗卫生知识。譬如,春秋季节天气干燥,温差变化大,易发感冒等传染疾病,儿童易发猩红热及手足口病,敏感体质人群易发花粉过敏等疾病,夏季天气燥热,炎热的午后长时间室外活动导致的严重中暑甚至可能发展为热射病,毫无挽回余地,秋冬时节温度骤降,中老年人群易发心脑血管疾病及心脏病、脑血栓、中风等严重突发疾病,华北地区雾霾天气连续时,敏感人群会诱发呼吸道疾病及严重肺部疾病,而长江流域的梅雨时节,阴雨天气连续,湿疹等皮肤疾病又成为敏感体质人群很难解决的问题。我们预期通过程序开发及智能手机的应用,监控用户心跳呼吸等数据,依据季节及天气变化及时对疾病潜在患者进行疾病预警,在监测到用户数据不正常时,及时向社区医院医生及特定关联用户发送警报,做到及时处理,医护人员及时到达,尽早进行后续治疗,挽救患者生命。

项目意义:首先,医疗服务是刚需,任何人都需要医疗卫生服务,提前进行有针对性的预防治疗可以避免在大病发生时,花费更多的医疗费用,可以做到利用更少费用解决更大的健康问题。其次,针对疾病的治疗,大中型医院对医疗资源的花费肯定多于社区医院,小病进大医院不仅是对患者自身财产的浪费,也是对国家医疗卫生资源的浪费,在社区医院分级治疗既节省了患者个人资金,也节约了国家的医疗资源,是国家所倡导的。最后,患者节约了资金,大中医院节约了医疗资源,社区医院也获得长足发展,医学生的就业问题得到了解决,患者针对自身的疾病有了更方便的地方进行了解治疗,医患关系在网络的支持下,邻里式的无微不至的关心照顾中能够得到有效的缓解,由此对整个国家医疗卫生系统的进步都将是可观的。

三、特色和创新之处

1. 项目特色

首先,在医疗卫生方面,此款 APP 利用网络信息化优势提高了患者对社区医院的肯定,将改变大中型医院拥挤低效的问题,解决了大中型医院超负荷运营的问题,改变医院被迫扩张的现实情况,确保大中型医院宝贵的优质医疗资源用在最关键的地方,同时提高了社区医院的生存能力,促进了社区医院的发展,提高国家整体的医疗服务水平,解决部分医学生就业问题,解决在大型城市日益发展的今天,因为拥堵等"大城市病",居民患病不能及时抢救的现实问题。同时,大型医院医生工作压力过大、医患关系紧张的现实可以得到很好的缓解,医生工作风险大、收入低的问题将被解决,将建立和谐、文明、互信互谅的新型医患关系。最后,患者长期以来,看病贵、看病难,看病之后缺少"售后服务"的问题将得到妥善处理,社区医院可以利用其医疗资源对康复出院患者进行跟踪治疗、精心看护,助其顺利恢复,这部分护理人员又将解决一部分的就业问题。

其次,在大气科学领域,天气预报与其他学科的进一步发展融合将得到很好的促进作用,这款应用提供了一个新路径,在我国的大气科学领域,我们的专业人员已经做了很多的研究工作,如何将这些研究的理论成果转换为能够实际为人民服务的实际应用成果,就是我们的最大特色亮点和创新之处,同时,人们将通过新的方式、新的窗口更好地了解天气预报与气象知识,加深对医疗气象的了解和认识,将天气预报更全面的用于建设自身美好生活中,提高生活质量,让大家的生活更加的舒适、健康。

最后,在宣传方面,这款应用可以将更多的医疗卫生健康知识有针对性的向特定人群发送,医学知识将有一种很好的向大众宣传的方式,特别是向急需这些知识的人进行宣传。

2. 项目创新

现在的健康类APP,如春雨医生等多集中于大中型医院提供服务,或如 CradioNet,只针对某一种特定疾病,目前市场上尚未有联合社区医院,针对患者整体健康提供服务的 APP。同时,传统优势医疗资源集中于大中型医院,每年一部分新毕业优秀医学生因为岗位限制,不能进入大中型医院实现自己的理想抱负,社区医院就获得了生存发展的所必需的优质医疗资源。此外,因为相关政策限制,医疗卫生系统对医生行医场所有明确规定与限制,在线医疗服务就受到了相应的限制,那么,如何在不违反政策的前提下,在信息化迅速发展的现代社会,使患者尽快获得优质医疗服务资源就成了一个新的问题,而我们的想法恰好可以解决这个问题。最后,随着城市化、人口老龄化的不断发展,我们的项目具有广阔的需求人群,中老年人对身体健康状况非常关注,一个专业水平高、能够及时提供医疗服务的医生是他们十分迫切的需求,我们的项目联合社区医院进行专业的、针对式的治疗,预计有巨大的应用空间。

四、可行性及风险分析

1. 可行性分析

本应用主要应用于有成熟社区医生的中心城市现代化社区,此类社区人群通常比较关心自己身体健康,同时能够掌握智能手机的应用,而且由于工作压力等原因通常无法及时进行身体健康检查,我们主要针对此特定人群进行专供医疗服务,同时对所有用户进行医疗科普、医疗预警、如无法实现社区医院及时处理,可以建议用户本人自行前往医院进行检查,同时,我们对国家卫生部、卫计委等相关通知及公益卫生、医疗信息能够提供一个及时传达的窗口,预计应用市场前景广阔。

同时,在科技发展的今天,天气预报已经能做到很高的准确率,能够做到准确预报天气的变化情况。气象与疾病发生已经证明有显著的相关关系,天气状况好坏能够直接影响人民身体健康。根据天气预报制定对敏感地区人口有目标的早期预警和预防措施,有助于减轻因气象灾害或天气变化带来的影响。智能手机推广应用已经做到准确检测用户健康数据,如心跳、呼吸等关键数据,能够提供准确的信息传达与提醒服务。随着城市化与人口老龄化的不断发展,城市越来越发达,老年人口也越来越多,社区医院能够提供便捷的医疗服务,同时国家正在大力推广社区医院,缓解医疗力量不足的压力。能够做到一定范围内的突发医疗需求及时处理,同时社区医院医生已经具有一定的医疗水平,能够进行先期治疗与预防处理。

我国具有世界上最大的人口基数,这就决定了医疗服务的巨大市场空间,而且随着人口老龄化的现实不断加剧,我们联合社区医院,也可以为养老院等场所提供服务,使人民群众获得更好的医疗服务资源,同时解决医疗资源不足的社会问题。国家倡导分级治疗,倡导以预防为主的医疗手段,提倡全民健身,享受健康生活,目前我国医疗系统运行效率极低,分级治疗、节约资源就成为必由之路。而这也都将是我们提供服务的地方。综上分析,我们的项目具有一定的可行性。

2. 风险分析

首先是社区医院发展水平不尽如人意,没有很成熟的社区医疗政策与运行机制,没有十分出色的社区医生。其次,医疗与气象的相关关系研究水平不足,在现阶段无法做到针对每一类疾病都有百分百的预警措施,这方面的问题仍然需要科学的进一步发展与应用。最后,春雨医生、好大夫等APP提前进入市场,用户产生黏性,后发进入市场具有一定劣势。由于同类型APP很多,新鲜感下降,我们的产品很难获得相应的高估值,很难吸引到大量的用户,可能导致项目用户较少。同时,由于可穿戴式设备发展水平不够,预警、监测信息很难做到绝对准确,也不易做到向社区医院及时准确提供关于用户身体健康的预警信息。

五、技术难点及关键技术

1. 技术难点

本款应用需要准确的预报和疾病与天气的有很高的可靠性的关联研究,这是一个技术难点,也是最重要的关键技术,可喜的是,在这方面,我们国家的科技工作者已经取得了一定的理论成果,我们将随项目方案报送几篇这方面的相关论文。准确及时的天气预报加上可靠的天气引起疾病的分析就可以做到针对患者进行先期预警,及时准确地引导患者进入医院展开身体健康检查与疾病治疗,那么,分析恶性疾病中的天气诱因,远程判断患者的身体状况,针对天气变化对特定用户提供精细化服务就是最大的技术难点。

2. 关键技术

(1)精细化的天气预报服务与数据处理技术,首先我们需要一个地区较为详细的中长期天气预报,以及该地区详细的实时气象监测数据,并根据中长期天气预报、实时气象数据,同时结合患者自身的病历信息、个人健康监测数据进行判断,及时有效地对用户进行前期预警,提供正确适合的医疗卫生保健信息宣传服务、天气预报服务、个人健康建议与医疗卫生服务提醒等,是我们所需要的第一个关键技术。

(2)手机 APP 应用开发,我们需要在 APP 应用中提供及时准确的个性化天气预报查询、信息宣传、医疗建议服务、预约服务、预警自动联系社区医生等服务,创造一个用户满意的合理、友好的界面。

(3)位置方便的社区医院,技术过硬的社区医生。我们这款应用最大的支撑、最显著的特色就是联合日益发展社区医院,依靠技术精湛的社区医生。相比于大中型中心医院,社区医院有其独有的优势,首先,患者与社区医院的相对位置较近,患者可以及时方便进行身体健康检查,接受卫生知识教育,其次,一名技术精湛、认真负责的社区医生能够很好地对用户进行沟通治疗,与用户建立和谐的医患关系,提供精准的医疗服务。社区医院与社区医生是我们这款应用最关键的技术,我们不会进行线上的治疗,一方面技术的限制导致线上治疗无法做到准确、有效,另一方面相关政策也对医生的行医场所有明确规定,我们利用网络的便捷性,在用户与社区医院之间建立沟通的桥梁,将用户导入线下的社区医院,能够更加准确、及时地对用户的情况进行全面检查,做出有效治疗,提供针对性的全面健康服务。

六、商业模式

我们的运营模式是 APP 服务提供与线下医院联合,即在季节变化时、恶劣天气来临时通过 APP 对用户进行身体健康预警,并针对用户所输入的自身健康数据状况进行相关医疗建议,在天气条件突变、季节变换时,智能分析用户数据,倡议可能有极大风险患上疾病的重点用户进入社区医院,进行分级诊疗,提前防治可能出现的疾病,有利于自身健康、有利于节约医疗资源。同时,在智能设备监测到用户信息数据状况不正常时,及时通知社区医生,向用户自行设置的亲密联络人和社区医生发送报警信息,及时对不幸发生意外的用户进行有效的抢救治疗,在城市化日益发展的今天,道路拥堵等因素已经极大的影响急救的效率问题,在这方面社区医院就凸显了无法比拟的优越性。在平时,应用主要针对用户个人身体状况推送相关医疗卫生知识、气象科普保健知识,同时也承担相关的卫生文件宣传、卫生事件预警,接受医疗卫生产品的广告宣传。

这款应用的客户群体目前在现阶段是生活在我国发达城市群,发达城市中心区域,所生活社区内具有成熟社区医院的社区居民,尤其以中老年人、未成年人为主,加深用户对自身健康状况的了解程度,提高用户的健康卫生知识水平。这款应用的未来发展方向是广大落后地区的乡村诊所,随着社会生活条件和医疗卫生事业的进一步发展,在广大落后地区的人民也将逐渐能够使用智能设备,我们将在不发达的城市中与中小型医院、个人诊所,在乡村地区与乡村诊所、乡村医生建立联系,引导落后地区人民群众有效利用目前发展有限的医疗卫生资源,在当前的医疗资源无法解决用户存在的实际问题时,特别是出现大病、怪病时,能够及时地将患者送入地区性大中型医院,使用更发达的医疗卫生资源,或者通过远程诊疗的方式,让发达地区的发达医疗资源及时为落后地区有迫切需要的用户提供服务。

七、预期成果和转换形式

我们预计在发达城市首先推广应用,针对成熟社区做到占领市场,确定计划完全实现之后,我们希望先期在发达城市能够做到:①针对用户身体健康做到预警,显著改善突发疾病发生概率及处理不及时的情况发生。②进行医疗卫生科普,使更多的人有基本的医疗知识。③协助社区医院更好发展,为提高人民健康水平,缓解医患矛盾、大型医院医治力量不足的矛盾贡献力量。项目发展以后,我们将针对欠发达的地区联合当地大型医院进行后续程序开发与医疗卫生服务的提供,在欠发达的乡村地区扶持当地医疗卫生事业发展,帮助乡村医院、乡村诊所、赤脚医生掌握更好的渠道联系群众,帮助广大用户更好地掌握医疗卫生知识,协助解决地区间医疗卫生资源分配不均衡,发展不协调的问题。

我们的收入来源首先是用户提供 APP 使用费用,但这只是一小部分费用,并不会对用户收取高额的服务费用,按照国家的思路,减轻病患经济负担。其次,我们将与社区医院进行收入分成,与社区医院更好地沟通协调,共同解决在发展的过程中所出现的问题,分享发展的红利,最后,收取导医导药服务费用、广告服务费用,特别是有针对性的智能广告推送业务将是我们的主要利润来源,智能化精准针对潜在用户的广告宣传渠道是每一个公司所迫切需求的。这四方面将是项目盈利的主要支撑,然后,我们将合理发掘用户的数据价值,进行相应的理论研究与应用,并将研究成果共享,最终反哺应用突破创新。最后,我们将争取国家相关政策扶持资金,进行合理利用。

作为一款具有一定公益性的手机应用、本次创新创业大赛的一个作品,我们不会将盈利放在首要目的,我们只是准备开拓一种新思路、新方法,探求天气与其他领域的联系,促进大气科学与医学的融合发展,研究怎样将实际成果转化为现实应用,并在其他代表队及评委老师的讨论中收获更多知识,对我国社会目前突出的医疗资源发展不均衡、浪费严重,医患关系紧张问题提供一个新的解决方法与解决思路。在目前科技发展水平达不到,社区医疗卫生市场不成熟,优质社区医疗服务资源不充足的情况下,我们也可以将 APP 转化为医疗气象科普软件或网站,以期获得更多用户和支持者,向大众宣传医疗气象的相关知识,对用户提供健康预警信息转变为提供知识服务,展示气象科普知识与医学科普知识,成为一个宣传的窗口,倡导、建议用户进行日常锻炼、合理安排饮食与生活作息、及时检查身体,享受阳光健康的生活,促进用户的身心健康。

气象股票智能 APP

南京信息工程大学　柳　笛

一、项目简介

本项目主要通过实时天气变化(事件)对环境类股票变化的影响研究,建立相关关系模型,根据天气变化(事件)预测结果对环境类股票的未来变化趋势进行预测,并开发相应的 APP,对投资者进行环境类股票的概念性指导和购买指导。

二、背景及意义

人们对股票市场的研究可谓由来已久,各种影响因素以及各种预测模型层出不穷。国外,对天气与股市收益率之间关系的研究早在 10 年前就已经出现。通过对这些文献的研读发现,大部分研究人员都是从行为金融学,也就是非理性因素的角度出发展开研究,并得出天气变化会对股市波动造成不同程度的影响。不同的研究者虽然研究视角、研究模型不同,但都认可这一基本逻辑,即天气变化对股票收益率的影响分两步进行:首先,天气变化会带来人的情绪变化;然后,由于情绪的变化造成决策的偏差,从而对投资收益造成影响,也即带来了股票收益率的变化。那么,气象条件是否会直接影响到股票的涨跌即为本项研究的目标之一。

在巴黎气候大会达成协议之后,绿色经济及金融热度不断走高,同时环保相关产业逐渐成为国家支柱型产业,大众对环境股的关注持续提高。与一般股票的模拟预测相比,气象条件与股票长期关系研究的优势就不够明显。因此,将项目的研究目的明确为实时天气事件对环境类股票涨跌的影响,也即通过历史气象数据(天气事件)与股票数据建立相关模型,再通过气象预测数据根据建立的相关模型对未来环境股票的涨跌进行趋势预测。

也正是由于目前大多关于天气变化如何影响股票波动研究都是基于行为金融学,即从非理性因素的角度出发,通过天气(日照时间、云层覆盖量、台风、暴雨及雾霾等)影响人们的情绪或决策(判断),从而间接影响到股市波动和股票的走势,我们希望从更直接的角度出发,即研究天气现象直接影响股票的走势情况。那么这项研究不仅仅是对影响股票波动因素研究的新领域,也是一个跨学科研究的新领域,是对气象服务产品新的拓展。同时,目前大部分股票每年实际的价格波动并不是很大,得不到一个很好的投资效果。本项研究主要是针对一些环境类股票,它们在相关的气象事件产生前后,由于气象条件变化会造成股价波动,而通过天气变化对环境类股票涨跌影响的预测,在短时间内进行股票的买进和卖出,是我们认为最好的投资方式。

三、特色和创新之处

目前,各种关于天气与股市收益之间的研究都是基于行为金融学,即非理性的因素。研究结果表明天气变化会带来人的情绪变化,情绪变化会导致决策误差,最终会对投资收益造成影响,即对股票收益造成影响。这是一种非理性的研究,很难从科学严谨的角度去证明,天气变化对股价波动的直接影响。目前由于绿色金融政策法规的出台,环境股票正在崛起,虽然影响股价波动的因素纷繁复杂,但环境股在很大程度上会受到气象环境的影响,如实时天气事件(如台风、暴雨、雾霾等)会对平行时间的股价造成较大的影响,因此本项目选取受天气变化影响程度较大的环境股票进行研究,主要研究天气变化对股票波动的直接影响。

主要内容为通过对历史天气事件与股价波动的关系研究,预测未来在某天气事件影响下,某支相关环境股票未来走势。也即选取大量的历史天气事件的相关气象要素数据与对应环境股价数据进行拟合,建立相关模型,然后利用天气事件的预测结果,通过建立的相关模型计算,得到预测的某支环境股票的波动情况,不需要得到具体数值,只需要给出波动趋势即可。

同时,在开发的平台上,推出会员服务,设立普通会员、VIP 会员等不同等级,并根据客户的会员等级和需求,为客户定制个性购买方案;实时跟踪客户购买情况,为客户提供定制和推荐服务,不提供股票的购买服务。同时,还会定期为客户发送气象相关事件以及相关法规文件供顾客进行参考,让顾客能够及时掌握最新的资讯,抢占投资先机。

四、可行性及风险分析

1. 可行性分析

(1)技术可行性

经过我们的市场调研和通过证券公司了解,这类产品并没有竞争对手,属于新型产品。

经过我们的尝试,发现目前技术上的难关主要集中在气象数据的采集,股票数据的定位。首先,作为气象院校的学生,我们对于气象数据的获取是相对容易的,但是部分气象数据归一些地方单位所有,并不公开,因此获得方法不易;其次对于一些环境股票来说,它们的区域性并不是很明显,需要找到它对应的区域,才可以更好选取对应的气象数据,进行模拟研究。

产品界面非常的友好简单,所有功能都简单易懂,容易上手。如果有疑问,也可和客服进行询问和沟通。当然,对于一部分不懂气象原理的客户,我们会提供免费的气象知识普及,后期也会开辟新的模块进行一些基本气象知识的介绍。

目前,由于产品还在建立阶段,并不确定是否依赖第三方产品,如果对应用环境有需求,会在产品说明上详细描述。

(2)经济可行性

① 人力成本:项目的所有开发人员都是在校大学生,产品从调研、分析、设计、开发和测试都由五个人负责,后期运维可能会请更专业的人士进行协助,成本很低。

② 软硬件成本:目前,产品开发工具就是学生自己的电脑,数据库设在学院的大型机上,网络、服务器和路由器都使用学校本身的硬件设备。

③ 市场开拓、广告和运营成本:在项目投放市场后,会在手机系统官方商店、手机厂商商店、运营商商店和第三方应用商店以及下载站上推广该应用,因此该项成本在前期比较高,在市场打开后,项目应该可以开始收益。

④ 后期维护成本:前期产品需要聘请专业的工程师进行产品维护,后期会对自己的团队人员进行培训,由自己的工作人员进行产品维护升级等。

⑤ 服务费收益:产品通过收取服务费进行收益,目前方案是设立会员制,同时需要每月按时缴纳会员费,才可享受不同等级的会员服务。

⑥ 投资回报周期:在项目投放市场以后,需要大概半年左右的市场开拓和广告宣传期,期望在半年后开始收益。

⑦ 产品生命周期:股票市场瞬息万变,目前估计产品的生命周期为3~5年。

⑧ 使用人数及用户规模:目前服务器搭载在学校服务器上,使用人数有限,后期如果收益客观,会另外购置新的服务器。

(3)社会可行性

产品完全是技术类产品,完全符合道德标准,不会触犯法律法规,同时,这样的跨界产品,不仅会推动股票类产品的发展,也会对气象周边产品起到一个促进作用。

2. 风险分析

首先,产品目前处于市场迅速增长期,无替代产品出现,但随着我们的产品的推出,同类产品也会竞相产生,因此我们需要在产品投入市场的第一时间,快速进行市场推广,从而占领市场先机。

其次,目前我们团队人员有限,因此数据处理速度有限,不能在同期推出太多的股票产品分析和相关服务。

最后,由于目前系统的服务器和路由器都依托于南京信息工程大学的学校设备,同时在线人数需要严格控制,不然可能会导致系统崩溃。

五、技术难点及关键技术

1. 技术难点

首先,数据采集和获得的过程比较困难。很多基本的气象要素数据都保存在相关区域的地方单位,数据属于机密,并不公开,获取比较困难,同时这些数据,由于处理的单位不同,存储格式各不相同,读取方式也不相同。而股票数据的获得主要通过向相关公司进行购买,由于项目团队属学生团队,启动资金有限,大部分股票数据只能通过在相关网站上进行抄写,耗费较多的人力物力以及时间。同时,并不是所有的环境股票都会受到环境因素的影响,拿到收据后,还要进行大量的分析工作。更为重要的是,各个股票对应的区域以及气象要素各不相同,因此需要准确定位环境股票的区域和对应的气象要素。

而目前,团队只有 5 个人,其中进行数据采集的只有 2～3 人,人力有限,因为我们需要采集大量的气象数据进行筛选、分析,才能得到更为合理的模拟结果。由于时间有限,所以目前我们只进行了全国范围的部分研究,后期如果有条件,可以加入更多的学生进行数据分析这项基础工作。

APP 的前台已经完成基本的设置,后期会慢慢进行框架的调整,对界面和模块进行精细化处理。而后台数据读取,我们预计采用自动化脚本语言(shell script)自动对数据进行读取,即提前设定时间,让服务器在夜晚对进入数据库的数据进行读取,生成图表,最后显示在平台界面上。

最后,由于我们是根据气象数据来进行股票趋势的模拟,因此获得的气象数据的准确性尤为重要。但是,我们无法确认获取的气象数据的准确性,因此预测得到的股票趋势存在一定的不确定性。

2. 关键技术

首先,我们预测的股票未来走势情况,完全依托于我们的数学模型。通过研究历史的天气事件与股价波动的关系,预测未来在某天气事件影响下,某支相关的环境股票的未来走势。也就是说,我们选取大量的历史的某种天气事件的相关气象要素数据和对应的股价数据进行拟合,建立数学方程,然后通过预测可能发生的气象事件下的相关气象要素数据与数学方程进行计算,得到预测的该只股票的波动情况,我们不需要得到具体数值,只需要给出波动趋势即可。

同时,在平台的服务器,也就是数据库的设计中,我们会加入自动读取技术,即减少人工成本。我们预采用自动化脚本语言(shell script)提前设定时间,让服务器在夜晚对进入数据库的数据进行读取,生成图表,最后显示在平台界面上。

六、商业模式

首先,气象要素直接影响股票走势是一个新的领域,我们的项目主要关注由于短期气象事件产生的股价涨幅,特别适合经常关注股市,以及对炒环境股票有兴趣的群体。因此我们的主要销售群体为 30～40 岁左右的资深股民或者金融行业内人士以及从事气象相关工作的股民等,当然根据我们的调研情况,大学生对股票的购买情况也比较可观,因此也被列入主要销售群体之中。

APP 销售渠道将通过手机系统官方商店、手机厂商商店、运营商商店、第三方应用商店以及下载站进行开展。我们将和客户建立多种互动式关系,对于普通游客,我们会建议他们对我们服务进行购买,并且会免费提供几天的会员试用;对于普通会员,我们会提供一对一的客服服务,给予其专业性指导和建议;而对于 VIP 会员,我们不仅给予一对一的服务,还会给其定制购买方案等。

目前,团队中有在读博士两名,在读研究生一名和本科生两名,其中两名博士生,一名较为精通网站建设,一名较为精通气象相关的内容。因此,由两名博士生进行技术指导,由两名本科生以及研究生进行基础的数据采集和建模等工作。项目分工明确,工作效率得到保障。

本项目主要的成本来自于气象数据收集、金融数据购买和后期系统维护费用等。首先,大部分气象数据都属于各个部门的不公开资料,因此收集这些数据有一定资金需求,其次金融数据需要到专门的金融网站(如:wind)上进行购买;最后 APP 投入市场以后,需要定期请专人进行系统的维护升级等。

收入模式如下。

① 软件下载。

② 广告:首页广告,频道广告等。

③ 会员费:普通会员和 VIP 会员(为客户定制所需的股票或债券走势预测),根据客户经济能力以及风险承担能力给出推荐股以及相应可信度。

运营模式如下。

① 基础运营:维护产品的正常运作,根据后台搜索量,添加删除股票信息,和相关的走势情况。

② 用户运营:负责用户的维护,扩大用户数量,以及提升用户活跃度,提高用户留存率,同时得到用户反馈,有助于软件的提升。

③ 内容运营:根据用户反馈对产品内容进行分析、整合和推广。

④ 活动运营:针对用户运营提供的数据进行活动策划,从而实现对产品的进一步推广。

⑤ 渠道运营:通过产品合作,市场活动,以及媒介推广对产品进行推广。

⑥ 自传播:新兴的运营方式,需要以上信息足够准确,使产品足够出色。

七、预期成果和转换形式

项目预期成果为 APP 软件。包括了前台界面和后台数据库两个部分。核心就是通过历史天气事件与环境类股票价格数据建立相关模型,然后通过天气事件的预测结果根据建立的相关模型对相应环境类股票价格进行未来变化趋势预测,并发布在平台上。同时,根据后台统计软件分析给出不同因子的权重,用户可在 APP 界面上点选不同因子及其组合来查看股票仅依托单因子或多因子的变化趋势。同时选择多只股票,后台将给出评级推荐及理由,最后后台会根据客户的搜索量,实时添加或删减股票。

"天气医生"智能物联健康服务平台

郑州大学 路海英

一、项目简介

"天气医生"是一款基于医疗气象、借助物联网与人工智能,结合服务对象所在地区的天气状况以及气候条件,为服务对象提供精准的天气状况及天气预报、相关疾病的预防与监测、利用物联网智能调控环境要素的服务平台。

二、背景及意义

在历史性的进化过程中,人类已具备了相当的适应气象环境的能力。但是,人类对气象条件的适应也有一定的限度,超过这个限度,就会导致身体不适,出现头痛、恶心、失眠、心情烦躁等症状,医疗气象学家称之为"气象过敏症"。这说明天气情况与健康密切相关,因此,关注健康就必须关注天气。

研究表明,高温、高湿、阴雨以及一些异常天气事件,都不利于人的心理健康。1982—1983 年的"厄尔尼诺事件",使得全球大约有 10 万人患上了抑郁症,精神病的发病率上升了 8%,交通事故也至少增加了 5000 次以上。究其原因,是"厄尔尼诺"这种异常气象变化,引起全球范围的气候异常和天气灾难,这种天气变化超越了一部分人的心理承受能力,从而使人们发生坐卧不安、反应迟钝等精神异常。

气象条件及其变化不仅影响人的心理健康,对人的生理健康方面的影响也非常明显。

在冬春之交,容易发生脑中风。这是因为,在低温状态下,身体为维持正常体温会使外周血管收缩以减少散热,造成血管阻力增大,如此一来,血压也会上升,心脏负荷增加,便增加了脑出血和脑梗死发作的机会。并且,因为寒冷,身体需要消耗能量以产生热量,心脏负担加重,这增加了心肌梗死发作的机会,容易诱发心源性脑卒。不难看出,天气变化极易对生理健康产生影响。

天气影响人类生理健康的例子不胜枚举,偏头痛大都出现在大风、湿度偏高、气压下降的天气;哮喘病总是在天气寒冷而又不降雨的日子里发生;诱发心肌梗死的天气因素主要是高压控制下的干冷天气、恶劣天气;寒冷潮湿的天气会加剧风湿病痛的发作。值得一提的是近年来愈发频繁的雾-霾天气,雾-霾可以直接进入并黏附在人体呼吸道和肺泡中,引起急性鼻炎和急性支气管炎等病症。对于支气管哮喘、慢性支气管炎、阻塞性肺气肿和慢性阻塞性肺疾病等慢性呼吸系统疾病患者,雾-霾天气可使病情急性发作或急性加重。如果长期处于这种环境还会诱发肺癌。

社会过快发展导致天气环境越发复杂的时代,知晓天气信息和健康状况之间的联系,并通过一定的平台了解当天的天气状况及对相应疾病的影响,提前进行科学的预防,降低天气对健康状况的影响是现阶段人们所急需的。

三、特色和创新之处

1. 项目特色

随着社会发展天气预报将越来越精准、医疗服务将趋向于预防服务、物联网与人工智能将越来越普及,而我们项目刚好是三者结合的一个有机体,走在社会发展的前列。

2. 创新点

(1)改变以往用户主动寻求服务的状态,创新为让用户被动地接受服务。现在的生活节奏越来越快,人们的时间越来越紧张,除非有与气象关联紧密的重大活动时才会主动寻求天气服务外,人们在一般情况下不会去刻意寻求不能给自己带来较大麻烦的天气预报服务。在这种情况下,人们会很容易忽略一些天气变化,而这些被忽略的天气变化往往能给人体健康带来重要影响。所以我们打破这种现象,以创新型思维提出了一种新的服务方式,就是让用户被动地接受服务信息。比如,用户晨跑时通过客户的语言设备向客户告知天气状况,以及是否适合运动、适合多大的运动量,该穿什么服饰等;如有体弱人员外出,将会及时告知天气将会如何变化,应穿什么服饰或携带那些用具,以及是否需要携带药物等。通过让用户被动地接受服务可以为用户节约大量的时间同时带来良好的体验。

(2)改变服务信息发布者被动的发布服务信息的状态,创新为主动地为用户健康保驾护航。以往的状态是发布者被动地发布信息,而用户是否看到信息、是否了解信息内容、是否做出应对办法就不得而知了,现在我们打破这种被动的局面,通过物联网守护在用户身边,结合天气情况和用户健康状况及时地通过物联网为用户提供一个健康舒适的工作生活环境。

(3)突破国内医疗气象尚处在经验总结的阶段,着手研究气象条件对人体健康影响的机理,更准确、更精细地了解气象条件对人体影响,以便更好地为用户提供优质的服务。

四、可行性及风险分析

1. 可行性分析

"天气医生"将依据物联网做到对服务对象所在环境的环境因素和人体特征的监测以及对所在环境部分电器的管理使用,基于医疗气象的相关理论以及临床试验数据与历史数据,结合天气和气候变化,将服务对象所在区域的天气信息、服务对象的身体状况、疾病预防信息等信息依据服务对象的作息时间及时告知;根据现阶段的天气状况和服务对象的身体状况智能调节服务对象所在环境的环境因素给服务对象一个舒适健康的生活、工作、学习的环境。我们的项目有三大优势:①我们团队成员中有大气科学、临床医学、预防医学专业的同学,所以我们团队在行业中有较好的优势;②根据前面所述我们可知现在国内已经有了该行业的发展趋势,但是国内的医疗气象市场却很缺乏,在这种情况下我们有绝佳的市场先机,将会领先日后竞争者一大步;③我们的创新型服务将会给用户更好的服务体验,借此我们可以吸引并稳定更多的用户,为项目的平稳发展带来一个良好的基础。气象是个高投入产出比的行业,德尔菲定律表示这种产出比可以高达 $1:98$,根据中国气象局的调查显示,这一比值在北京可以高达 $1:221$,在广州可达 $1:99$,在这样的环境下,详细医疗气象的发展将会少很多阻力,快速发展壮大。由此可知,我们的项目有很大的可行性。

2. 风险分析

(1)得不到足够的融资或中途缺乏资金无法继续实施项目。

应对措施:详尽的规划资金用途,尽量缩小融资金额,继续完善项目,增加创意点以吸引投资者投资。

(2)气象数据转化医疗产品比较艰难,所得结果不尽人意。

应对措施:我们突破了经验总结的方法,进一步研究气象条件对人体健康影响的机理,以更为深入的研究来解决转化困难的问题。

(3)全球经济发展缓慢,部分地区战乱不断,我国周边地区也是不太安宁,在这种大环境下要提防市场经济下滑的问题,一旦经济下滑严重服务行业将会受到很大的冲击,人们在保健方面的投入大量缩小,将会对项目带来严重的影响。

应对措施:积极关注经济形势,及时做好应对措施,一旦经济下滑可缩小服务范围,服务对象特殊化—保证项目继续开展。

(4)项目模式容易被复制,产生大量竞争者抢占市场。

应对措施:完善服务内容,提升服务质量,加大对核心技术研究的投入,不断提升自己的竞争力。

五、技术难点及关键技术

1. 技术难点

气象数据与医疗产品的转化。自古以来人们就已经在研究气象与医疗之间的关系,但是一直处于二者之间经验总结的范围,到二十世纪六七十年代国外开始对二者的影响机理开始研究,并取得了相关成果。但是这个研究成果会根据研究对象所在的地区以及研究对象的体制差异产生不同的偏差;也就是说国外的研究成果不能照搬过来为国内大众服务,我们需要研究探索出国内气候天气特征对国内大众健康的影响机理,所以这是项目能否在未来持续发展的动力。

2. 关键技术

(1)使用物联网将项目产品智能化的服务与用户,给用户带来良好的使用体验,这关乎能否稳定用户人群的问题,是项目的关键技术之一。

(2)气象数据与医疗产品的转化,这既是技术难点需要我们去突破,也是项目的核心技术。

六、商业模式

"天气医生"将根据用户授权对用户的基本信息进行采集（如健康状态、作息时间、疾病史等）并对用户所在环境的电器进行控制；然后根据用户信息对用户做出针对性的医疗服务模式，以得到用户满意的产品；之后就是根据天气变化将服务产品通过物联网智能的投放给用户。未来客户群体为老年人群、婴幼儿及孕妇人群、有受天气影响较大疾病的人群（如患有关节疾病的、有肺部疾病等的人群）。预期收入来源为用户付费。

七、预期成果和转换形式

本项目预期成功建立项目服务平台，并能顺利运作；拥有稳定用户人群，获得可观的经济收入，在市场内站稳脚跟；积累充足的经验和资金，为进一步研究气象条件对人体健康影响的研究做好准备。

基于车载观测仪器的气象大数据综合服务系统

成都信息工程大学　孔雨汇

一、项目简介

此系统是将气象观测仪器搭载于当前大热的共享单车上，利用其移动性大、投放量多、骑行过程中覆盖范围广，及本身具备 GPS 定位功能等特点来获得高精度的气象大数据。

二、背景及意义

目前，国内市场提供的气象服务在精细化、准确化等方面存在较大的缺陷，微环境下气象大数据的获取更能科学指导日常生产活动的高效进行，其应用具有广泛的市场前景。例如，在资源调度方面，考虑利用车载观测仪器获取的相关单位管辖区域内的气象大数据所带来的影响，与原有的资源调度机制有机结合，如医疗部门在传染病高发期间对发病率的预测和排班进药的适宜安排；在商品销售方面，获取消费者生活区域的实时气象情况，精准把控生产量和囤货量的极值，实现利益最大化；此外，在农业、环保、交通、防灾减灾、保险等领域，对精细化的气象数据也有相当的要求。

相较于已经成型，且远离人们日常生产生活环境的地面气象站的数据采集，在共享单车本身具有的导航设备助力下，该项目极大程度上能够实现微环境下精细的气象大数据的获取，从而为生产生活提供更为准确，更有针对性的服务。这是传统地面气象站无法做到的，而且经济上的投入也远小于自动气象站的修建与维护。以备受国民关心的假期出游、老幼孕妇等弱势群体出行问题以及传染病高发期间医院的排班进药问题为例展开较为具体的分析：正所谓"十里不同天"，有些旅游景区虽然不大，但是气象结构相对复杂，游客在出游过程中不时面临着"东边日出西边雨"的困扰。因此，精细化的旅游气象信息服务成了市民和游客出行游玩的重要保障，特别是基于景区内的小范围高网格化气象预报的需求在不断提高。同时，部分地处偏远位置的景区也迫切需要准确性更高的气象信息服务，以便更好预防突发性气象灾害的发生，合理调节客流。该项目提供的精细数据可以为景区发布准确性更高的气象预报提供切实有效的依据，定会获得市民和景区好评。老人、小孩、孕妇出行经常需要有人陪伴，本项目提供所在位置温度、气压、湿度、有害气体成分等精细化数据分析结果，更好地保障其身体健康，让家人放心。另一方面，对其想去地区的气象信息的实时获取，也方便提前做好行程规划。

已有大量研究表明，空气污染会诱发种类不同，影响不等的传染病，大部分的这些疾病通常都是突发。因此，对于诱发源—空气中某些污染物浓度的实时监测就显得尤为必要。尽管绝大部分工厂厂址都已迁出到郊外，但由于城市热岛效应的存在，会造成城市内部的污染堆积。此外，老城区的改造和新城区的建设也会带来一定程度的空气污染，而这一部分内容目前却尚未得到有效的监测。该项目通过对城区内大街小巷气象数据的持续采集，结合共享单车自带的 GPS 功能，摸清污染源的分布情况以后，对发病率趋势做一个准确的分析，向源区周围的医疗机构及时提供预警信息，以便他们为接下来的病发期间做好充足的药物准备和值班人员安排。

三、特色和创新之处

将观测仪器搭载于广受欢迎的共享单车上，利用骑行过程中对城市的覆盖性以及本身的流动性，可以方便快捷地获取城市大街小巷微环境下的气象数据，这其中就包括传统地面气象站无法做到的人群密集区的数据获取，从而建立起高精度的气象大数据观测网络。汇总采集得到的气象大数据，搭建一个具有优良算法的平台，进行数据绘图分析以后，将分析结果展示在特定网页上，供用户登录浏览，按需进行线上交易。城市新兴产业共享单车实现了对公共道路最大化的通过，通过将观测仪器搭载于其上，可以随时获取人群密集区的气象数据，比如学校、商场、居民小区、写字楼、商业中心等，这是传统气象地面站无法做到的，而且方便快捷，经济上的支出也远小于自动气象站的修建与维护。

随着人们生活水平的不断提高，对生活质量的要求也上了一个台阶，精细化气象服务的出现是必然的结果。该项目利用共享单车深入到城市大街小巷去获取微环境下的气象数据，将分析结果以简单明了的图文形式展示在特定网页上，供相关用户参考购买，为交通、农业、保险以及其他部门或企业提供专业专项的指导服务。

这种精准、个性化的气象综合服务，不再给用户那些冰冷的数字，通过简洁明了的图文信息揭开气象领域神秘的面纱，优化了用户体验，也增加了新兴产业如共享单车本身的市场效益。

该项目通过对采集得到的气象大数据进行绘图分析,将分析结果呈现到特定网页供相关用户登录浏览后进行参考和线上购买,或是直接将采集数据提供给需求方。目前市场上并未提供有类似的综合性服务,多是以预报为基础,且针对某一个方面,服务覆盖面较窄,众多数据在精细程度和准确性方面有较大的欠缺,且没有得到很好的加工处理。该项目提供的更贴近民生的个性化服务也起到了面向全民普及气象知识,进一步提高气象在民众中的关注程度等作用。

四、可行性及风险分析

目前市场上大部分相关公司都是依靠传统地面气象站的数据进行分析,提供诸如穿衣指数和空气质量报告等形式过于单一的服务,其分析结果的精准性仍有待商榷。

针对如交通、环保部门,公共医院等为代表的国有企业和受气象因素影响较大的电器生产商、农副产品供应商、物流公司和需要对其主页天气情况的展示查询版面(或面板)做升级处理的互联网公司等为代表的私有企业,目前与气象公司的合作关系尚未建立或者联系较少,但在精细化的气象指导服务上有相当的需求,该项目的内容宗旨正好能够满足这一缺口。

车载传感器将传统的观测从观测场深入到大街小巷,贴近居民的生产生活。从特定要求安装仪器进行观测工作到随时处于移动状态的车载观测仪器采集数据,具有很高的灵敏度、精确度和比较大的量程。

由此可见,在综合气象服务方面,该项目所体现出来的精细化、准确化等主要特点,使其能在用户面临的多种气象服务选择中脱颖而出。随着共享单车在三四线城市及偏远地区的逐步普及,在这一过程中逐步提高项目的核心竞争力,所带来的商机也会越来越多。

实施进程相对迟缓。对大批次、数量众多的共享单车进行气象数据观测仪器的安装,实施起来具有一定的困难和挑战;对城乡结合区域进行气象数据采集时,精确性在一定程度上会受共享单车的数量过少这一因素的影响;除此以外,搭载于共享单车上的观测仪器还面临着被不法分子破坏、偷窃等威胁。在完备的保护体系建立起来之前,这将会对前期气象大数据的采集带来不良的影响。

但是,我们完全有能力解决以上困惑,通过以下应对措施。

(1)与共享单车品牌公司建立长期的合作互利关系。提出在产品设计阶段加入防爆轮胎,轴传动等手段,使其坚固耐用,进而降低维护成本等建议,派出相关技术代表主动参与到共享单车性能改进的研讨会中去。

(2)针对农村共享单车数量偏少的问题,目前本项目的实施优先考虑城市,就能避免数量问题对气象数据采集的准确性带来的影响。此外,可以预见的是,一二线城市的单车市场将很快走向饱和,下一轮的争夺战将在三四线城市之间展开,使得数据量的采集范围得以进一步扩大。

（3）明确自身定位,持续拓宽系统服务覆盖面。将做广做精提为系统的运营理念,致力将有气象大数据分析结果需求的相关部门或企业达成长期合作协议,提高核心竞争能力,避免同化。

（4）事先签署具有法律效益的保密协议,配备专门的律师团队。

（5）定期对系统内的各项功能进行上机测试和维护,配备专门的技术团队。

（6）对于共享单车使用率的问题,定期对城区内共享单车的分布进行调整,使其尽量均匀。

（7）与气象数据分析公司相比较而言,本项目基于基础的气象观测,从而对大气的温度、湿度、压力、风等气象要素进行分析。而气象公司是基于预报资料,整合分类进行气象服务,其准确性有待商榷。数据的全面性和准确性是该项目与市面上的气象公司相比的优势所在,故通过不断完善项目采集数据的精确能力,在很大程度上能够解决与其他公司的竞争问题。

五、技术难点及关键技术

目前获取城市气象情况的主要方式是根据地面气象站提供的数据进行数值预报,或者利用卫星遥感影像反演地表数据,其中数值预报使用情况居多。虽然当前的预报已经能够达到 3 km×3 km 的精度,但气象探测的数据却尚未达到这一值。并且这种单一化的预报分析并不能很好地满足某些专门的需求,数据的准确性也有待商榷。近年来,随着城市的不断发展,数量日益增加的高楼建筑导致如风速这样受影响较大的数据难以准确采集。通常而言,传统地面气象站的建址远离日常生产生活环境,且位置固定,无法灵活深入到城市大街小巷去采集微环境下的气象数据。然而这样的微环境下的气象数据的挖掘,对人们日常的生产生活而言却更具指导意义。

如今人们的环保意识在逐渐加强,生活水平也在不断提高,对生活质量的要求也上了一个台阶。无论是出于对自身的保护还是对周围环境的保护,精细化、准确化的气象服务的出现是必然的结果,以气象大数据为平台的优质气象服务将带来巨大的社会效益和经济利益。该项目将观测仪器同大受欢迎的共享单车有机结合,深入到城市大街小巷去采集数据。通过搭建一个具有优良算法的平台,进行数据绘图分析以后,将分析结果展示在特定网页上,供用户登录浏览,按需进行线上交易,为合理指导相关工作的高效开展助力。

车载观测仪器上的传感器获取气温、气压、湿度以及污染物如 $PM_{2.5}$ 等气象数据,通过 GPRS 等实时传输回建立好的数据库或者云端进行储存,通过建立算法平台进行筛选以及按类型分类或者按历史时间筛选,进而根据客户需要挑选数据,进行数据售卖或是数据分析结果售卖以及实施定制服务,实时有针对性的在所搭建的平台上发布有关数据分析结果供客户选择进而进行线上售卖。所有技术都是先进符合时代需求的,不存在太大的不可攻破的技术难点。探测仪器:目前市面上有售的微型探测仪器体积小,对温度等气象要素变化的响应快,集小型化、集成化、网络化、智能化于一体,使其本身能够满足在气象数据观测方面的要求。此外,对于探测仪器在共享单车上的安放位置,考虑到车体在行驶的过程中受流动空气的影响较大,使得周围风场与实际风场存在一定的差异,所以具体的安装位置应该做到在具有代表性的同时规避这一问题。探测仪器的灵敏度是准确采集数的前提,故首先应该保证探头能灵敏地感知气流的方向。雷诺数一种可用来表征流体流动情况的无量纲数,其表达式为 $Re = \rho v d / \mu$,其中 v, ρ, μ 分别为流体的流速、密度与黏性系数,d 为共享单车的特征尺寸。雷诺数较小时,黏滞力对流场的影响大于惯性,流场中流速的扰动会因黏滞力而衰减,流体流动稳定,为层流;反之,若雷诺数较大时,惯性对流场的影响大于黏滞力,流体流动较不稳定,流速的微小变化容易发展、增强,形成紊乱、不规则的紊流流场。结合雷诺数理论,考虑到安装区域是否影响传感器的灵敏运转以及安装区域的气动特性是否均匀且稳定,综合以上因素,我们选择将探测仪器的安装区预选为车把扶手背后(防风区)。

六、商业模式

项目公司吸取投资者,包括个人、银行、政府、股权机构以及私营企业的融资和贷款,贷款期间每年年底向贷款方支付利息,给投资者分红。与共享单车公司签订合作协议,以促成良好的战略合作伙伴关系。将法律、税务、保险顾问委托代理给相关公司,观测仪器的安装和维护外包给相关负责公司,最终从用户定制气象服务和购买数据或分析结果等过程中汲取利润(图 3-5-1)。

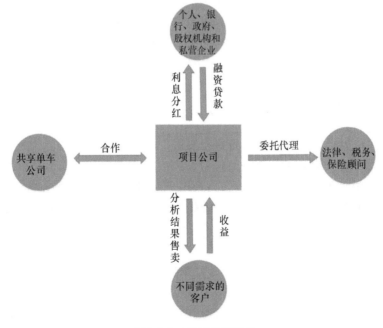

图 3-5-1 项目运营模式

项目未来客户群体如下。

(1)政府:相关决策部门需要准确性高的,覆盖面广的,更加透明的气象数据分析结果来指导宏观建设;

(2)国有企业:以交通、环保部门、公立医院等为代表,对所在区域或管辖区域内的气象情况的细致掌握能够对资源和人力的合理调度做出更为高效的科学指导;

(3)私有企业:以受气象因素影响较大的电器生产商、农副产品供应商、物流公司,目前新兴的提供气象保险服务的公司,需要对其主页天气情况的展示查询版块做升级处理的互联网公司等为代表;

(4)普通民众:以旅游出行,交通堵塞情况下的人群等为代表,需要实时获取其行进过程中所在片区的气象情况,帮助他们及时制定最优路线或更改驾驶路线;

(5)其他有相关需求的群体:如科研工作者、高校教师等。

该系统将观测仪器同大受欢迎的共享单车有机结合,通过温湿压传感器、GPS以及 GPRS 等的运用,得到大量数据,绘图分析得到的科学结果能够合理指导相关工作的展开。比如说针对一些弱势群体,例如老年人、孕妇,出行经常需要有人陪伴,本项目将能提供所在位置温度、气压、湿度、有害气体成分等精细化信息,帮助家人更好地保障其身体健康,还能实时获取其想去地区的精密气象信息,以便提前做好行程规划。还有航空安全方面,选择飞机出行目前已经成为十分普遍的方式。中国民航事业快速发展,延误也已成为普遍现象。由于机场范围大,气象要素复杂多变,航班延误通常是因为航路或者机场的气象条件不适宜飞行,而这种数据或者情况大多数出行者事前并不知晓。因此,本项目同时致力发展民航气象大数据共享与服务云平台能够展示并查询地面气象观测、高空、雷达、卫星等气象情况,为航班正常性的提高提供及时连续的天气变化信息。

七、预期成果和转换形式

1. 预期收入来源

(1)投资:个人、企业、政府、投资机构等;

(2)售卖经保密处理的初始采集数据,以防二次转卖;

(3)售卖后期的数据分析结果:为相关用户定制专属的气象服务,按月收取定制费用。从分析结果的指导作用中获利,如提供给受气象因素影响较大的电器生产商等,指导其商品广告的精准投放。

2. 对项目进行估值

对观测仪器生产商发出邀请进行公开招标,选择性价比最高的厂家进行合作生产设备,争取节约。同时以负担部分共享单车的维护费用等为条件与各共享单车品牌公司进行商谈,实现目标的第一步,将观测仪器安装到共享单车上,并投入成都市区的使用。

同时寻找需求数据的客户,如政府、国营私营企业等建立初步的合作关系,从而实现目标第二步,将收集的数据投入使用。

3. 成本

融资金额预算为 130 万元:

以成都市为例,搭载在一辆车的成本约为 50 元左右。在成都中心城区为试点,人口 600 万,在 2 万台共享单车上装载气象数据观测仪器,其成本预算约为 100 万元。以共享单车每年 5% 的损坏率计算,搭载于其上的观测仪器一年的维护成本在 5 万元左右,人工安装费用按照每台单车 5 元计算,共计 10 万元。

设备预算 100 万元;人工安装费 10 万元;一年以内维护费用 5 万元;平台建设预算 5 万元;专业分析团队(5 人),月薪 2 万元;综上,以上合计后的初步预算成本为 130 万元左右。

4. 收益

以一年为例,出售数据给医院,每天 10 元,与 50 家医院合作,一年收益 182500 元;若直接出售分析结果,每天 50 元,与 10 家医院合作,一年收益 182500 元;综上,一年出售给医院即可收益 365000 元;出售分析结果给天气出行保险公司,每天 100 元,与 50 家保险公司合作,一年收益 1825000 元;出售分析结果给景区,夏季 6 月、7 月、8 月每天 100 元,以 10 个热门景区为例,夏季收益 90000 元;冬季 12 月、1 月、2 月为例,冬季收益 90000 元;一年收益 180000 元,还未包含国庆中秋小长假等;出售数据给高校,与 5 所高校合作,每月提供两次,除去寒暑假,一年合作 9 个月,一次数据根据种类收取费用,一类数据 100 元,一年收益 9000 元;其他未列举的还有许多,如机场、普通民众线上交易等;综上,一年完全可以回本并且收益至少 120 万元。

职业气象 APP 项目(以外卖配送员为例)

中国矿业大学　　王泽宇

一、项目简介

本项目利用目前的气象数据处理、全息投影技术,开发一款针对外卖配送员的 APP——骑天。该款 APP 分为工作板块和生活板块,工作板块主要为外卖配送员提供天气状况、路线规划、收入情况等消息,生活板块主要是提供娱乐功能。

二、背景及意义

1. 背景

(1)外卖配送员在恶劣天气下工资不增反降。在恶劣天气下,人们多会选择叫外卖的方式来解决自己的饮食需求,与此对应的本应该是外卖小哥收入的提升。但在调查中发现,因为恶劣天气的影响,外卖配送效率会显著降低,造成外卖配送人员不得不用生命奔走,即便如此,很多外卖配送员不得不因为送货时间长而进行赔偿,这就造成外卖配送员在恶劣天气下的工资不增反降。网络上甚至有人发起了一项"恶劣天气下是否应该点外卖"的辩论,甚至有人开始拒绝点外卖,这对整个外卖行业的发展都是不利的。

(2)交通气象指数的应用与发展。21世纪以来,我国的公路交通气象业务已经取得长足进展,专业化和精细化水平有很大的提高,已初步形成集监测、预报警报、服务以及交通气象灾害和服务评估于一体的公路交通气象业务体系。由现有的公路交通气象业务体系为基础,将气温、风速、雨量和所需天气现象的预报值代入交通气象指数预报模型中,根据所得的结果定级,遇到特殊的天气状况对预报结果进行修正,即得到当天的交通气象预报指数,在实际工作中,需要编写相应的 C 语言程序,输入预报值,即可得到交通气象指数。

(3)全息投影手机的出现与发展。手机全息投影是基于"实物模型"和"立体幻影"相结合等一系列特点,通过手机采用一种国外进口的全息膜配合投影加影像再加以影像内容来展示产品。此前,推出的全球首款全息手机后,短短的七天时间预订量已超过 50 万部,手机全息投影已进入量产阶段。虽然目前全息投影手机受到自身技术和价格成本的制约,未进入普通消费者的市场。但随着技术的发展与生产力水平的提高,全息投影手机会不断地进行降价销售,走入外卖配送员的手中。

2. 意义

(1)提高外卖配送员在恶劣天气下的效率。运用气象数据,与交通状况结合,给出外卖小哥最佳的行驶路线,避免外卖配送员在恶劣天气下用生命奔走情况的出现,同时,通过最佳路线的配置,使配送效率显著提高,极大地避免了外卖配送员因送货时间长而被罚款情况的出现,提高了外卖配送员的工资,从而促进外卖行业的健康发展。

(2)使天气变化更为直观地显现出来。目前市场上的气象类 APP 大多只会推送一些气象方面的数据,关于这些数据所反映的现实状况,则不会直观地展现出来,这就造成公众对某些气象变化的感受度不大。而通过全息投影以及 3D 技术的运用,可以使相应的天气变化更为直观地展示出来,解决了普通民众对气象数据感受不大的问题。

三、特色和创新之处

1. 特色

(1)"骑天"APP 是将日益繁荣的外卖市场与配送员需求相结合的一款气象服务类 APP。

(2)为外卖配送员量身定制。"骑天"APP 填充市场上外卖配送员配送保障内容的空缺,结合配送员实际需要专门研发,有助于保障配送员骑行安全和提高配送效率,解决目前外卖配送中出现的超时以及事故问题的痛点。

（3）作为一款针对外卖配送员的 APP，市场竞争力小，可扩展面大，可以延伸拓展到快递配送员，具有持续发展的市场潜力。

（4）良好的用户体验，将生活与工作划分，配送员可通过登陆享受各项服务，例如骑行圈。

（5）将科技与传统结合。全息天气和 3D 天气的动画展现形式，给用户更加形象的天气感知。

（6）首次将天气服务和交通服务结合在一起。为配送员提供了更为便捷的工作方式和习惯。

2. 创新之处

（1）为外卖配送员个性化专属定制。"骑天"APP，集送餐、导航、定位、天气预测、收入情况、娱乐生活、科技成果于一体，为这些在城市中穿梭的"外卖骑士"量身定制。使外卖配送员对天气的认识不再单一、局限。

（2）工作、娱乐结合，并与各大平台合作。目前，市场上气象服务类型的 APP 大多是推送全部类型的信息，没有对信息进行分类和加工。"骑天"APP 共分工作、生活两大板块，再进一步细化使功能更为完善。与线上热门应用合作，与视频、阅读读物、新闻、游戏广告商洽谈进行推广。

（3）采用虚拟现实技术。将计算机生成的实时动态的三维立体逼真图像与配送路况结合，更加真实且立体地为外卖配送员展现"骑天"中更多的惊喜。

四、可行性及风险分析

1. 可行性分析

（1）目前对于 APP 的研发有非常完善的技术和人员，我们可以找公司进行代开发。

（2）有关天气的预报，可以向中国气象局申请相关数据，并根据 GPS 定位，可以获得较为精确的天气情况，以及预测未来的天气。

（3）对于全息投影技术和天气的结合，现在全息投影技术已经日趋完善，全息手机已经被制造出来，全息技术也已经发展了 60 余年，目前对于二者结合的可行性还是非常大的，这也是以后智能手机的发展趋势。

（4）有关市场方面，中国现在有外卖配送员 400 万人，并且随着经济的发展，以后外卖行业的需求还会进一步扩大，因此有着广阔的市场发展和前景。

（5）目前市面上还没有一款个性化的职业 APP 软件，而这款 APP 可以更好地关怀外卖配送人员的工作和生活，将会得到他们的青睐。

2. 风险分析

（1）获取 APP 的制作中所需数据的不易。由于目前 APP 市场对于数据的保护和保密性措施，可能在获取数据过程中遇到困难。

（2）可能出现资金不足的问题。由于 APP 制作、发行、推广、商业合作、软件的维护升级以及数据获取所产生的费用可能过高，超出预算。

（3）来自其他 APP 的打压和排挤。由于该 APP 可能会分配美团、饿了么的经济利润，可能会出现其升级覆盖我们软件的举动或者恶意的打压排挤。而我们 APP 初期的竞争力和影响力不够，容易受到威胁和冲击。

（4）前期的用户量可能不容乐观。在宣传力度不够的情况下，可能会造成安装量较少；在 APP 出现漏洞的时候，也会导致已有用户的流失。

（5）全息手机普及时间的不确定性。目前全系投影手机已经投入市场，但是它的普及伴随着一定的不确定性。

3. 风险应对措施

（1）寻找专业的技术人员进行软件的研发工作，增加测试的次数，把控每一个细节，不断对软件进行优化。加大软件维护的投入，组建或者聘请专门运营团队，不断对系统进行升级改造。

（2）采用多种方式进行 APP 的推广，不断优化 APP，提供更人性、更舒适的服务。加强与其他公司合作，互相推广。聘请代言人或增加各个平台广告投放。适时举办活动，吸引更多人下载 APP，使用该 APP。提供每日配送员公里数榜单，到达一定里数，即有红包相送（合作广告商提供）。

（3）一方面，加强与其他企业交流合作，互利互惠。另一方面，不断优化产品，扩大产业范围，覆盖更大市场，加强内部研发，组建公司研发团队，实现技术自足。

（4）不断加强 APP 防火墙，聘请专业安全团队担任安全顾问，保障 APP 安全性，保证使用者信息安全。

（5）吸引投资商，加强与其他公司合作，平台适当投放其他内容广告，收取广告费，APP 设置部分收费内容。

（6）结合多种来源数据进行分析，有专门预报组进行每天的模拟预报，对位置路段实地考察，为使用者提供更优服务。

五、技术难点及关键技术

本项目"骑天"APP 是由传统的天气预报和先进的科学技术相融合的产物。通过最新的 3D 技术和全息投影技术来表现天气的变化，更有利于外卖配送人员进行及时的处理。

（1）全息技术及全息手机。全息投影技术也称虚拟成像技术是利用干涉和衍射原理记录并再现物体真实的三维图像的记录和再现的技术。全息投影拍摄过程包括第一步是利用干涉原理记录物体光波信息，此即拍摄过程：被摄物体在激光辐照下形成漫射式的物光束；另一部分激光作为参考光束射到全息底片上，和物光束叠加产生干涉，把物体光波上各点的位相和振幅转换成在空间上变化的强度，从而利用干涉条纹间的反差和间隔将物体光波的全部信息记录下来。记录着干涉条纹的底片经过显影、定影等处理程序后,便成为一张全息图,或称全息照片。第二步是利用衍射原理再现物体光波信息,这是成像过程:全息图犹如一个复杂的光栅,在相干激光照射下,一张线性记录的正弦型全息图的衍射光波一般可给出两个像,即原始像(又称初始像)和共轭像。再现的图像立体感强,具有真实的视觉效应。2014年深圳亿思达集团钛客科技在北京正式发布了可以直接观看到3D图像界面的takee全息手机,该手机是利用计算全息技术,通过追踪人眼的视角位置,基于全息图像数据模型计算出实际的全息图像,再通过指向性显示屏幕将左右眼的立体图像投射到人眼视网膜中,从而使人眼产生和实际环境感觉一样的视觉效果。未来,全息模块将会集成在中央处理芯片当中。

(2)气象数据的获取以及GPS定位都由后台大数据处理。气象数据依据国家气象平台数据,进行分析与统计,预测天气状况。"骑天"从天气预测为重点,更精准地为外卖配送员服务。定位后,外卖配送员只需输入所要配送地区就可以实时显示街区天气状况、最佳送餐路线等。

(3)在"互联网+"的大背景下,带动外卖行业就业效果明显。互联网与传统服务业的融合与改造,使得"骑天"更具发展优势。随着当今餐饮订购类APP的增加,目前外卖配送员已达到400万人,并且外卖配送队伍逐渐庞大。外卖配送员因天气原因而事故频发,作为一个逐渐壮大的团体,在服务大众的同时,外卖配送员的工作状态也将在互联网的平台上得到社会更多的关注与尊重。

六、商业模式

1. 消费者目标群体

主要服务于外卖配送员,该群体的工作受天气因素、交通因素影响较大,需要高效率地完成外卖配送的工作,否则会面临着被罚款的威胁。

2. 价值主张

本APP主要提供生活上和工作上的服务。在工作方面,主要提供由气象因素和交通因素共同作用的道路情况,为外卖小哥提供更加畅达的配送路线,提高外卖配送的效率。

3. 分销渠道

本APP主要通过以下方式来接触到消费者目标群体:通过和其他大型APP的商务合作、和骑天APP需要的部分单品的产品合作、通过应用商店、微博、微信、知乎、腾讯、社区、今日头条等渠道合作的方式进行APP的推广。并且通过大V、网红或者行政渠道等方式对产品进行推广传播。根据APP的使用量和需求量,有目标有目的地策划各种活动,通过数据分析来监控活动效果,适当调整活动内容,从而达到提升KPI,实现对APP的推广和运营作用。

4. 运营方式

(1)基础运营:我们会安排一部分人力专门维护该APP的正常运作,以及最日常普通的工作。抓好 APP 的定位和关键词——为外卖配送人员专属定制的 APP。

（2）用户运营：负责 APP 用户的维护，扩大用户数量提升用户活跃度。还有对于部分核心用户的沟通和运营，通过他们进行活动的预热推广，也可从他们那得到第一手的调研数据和用户反馈。

（3）内容运营：根据后台大数据的处理和点击量，对 APP 的生活版块内容进行指导、推荐、整合、优化和推广。并且给工作版块的不同指标参数进行适当的修改和添加，还可以给活动运营等其他同事提供素材等。

5. 预期收入模式

（1）单纯出售模式：通过对每一单抽取一定的现金。

（2）广告模式：通过智能提醒服务推广投资方的一些商品。即向用户展示或推荐品牌广告和效果广告的方式为各类商业广告客户提供基于移动互联网平台的广告营销服务。

（3）持续更新附属功能模式：不断地积累 APP 的使用人群，找准市场定位，不断推出更好的产品和服务，可以通过增值服务或者其他业务来获取收入。对于生活模块的趣味小游戏的开发和上线，可以吸引更多的 APP 使用者。可以通过游戏的开发，玩家用户的增加和第三方平台来获取收入。

（4）授权模式：内容和资讯不通过自己发送，而是通过授权与其他 APP 进行合作，使 APP 的内容多样化，复杂化，增加用户黏性。并且通过和线下相关企业或者组织进行商业合作，以此来获取收益。

（5）会员模式：实行会员制，打造线上虚拟交易市场，从中获取收益。

七、预期成果和转换形式

1. 预期成果

（1）项目预算

突发预算＝50％×856195.68 元＝428097.84 元

总预算＝856195.68 元＋428097.84 元＝1284293.52 元

（2）预期收益

根据艾瑞咨询统计数据报告可知，2017 年上半年外卖交易规模达到 906 亿元，预计 2017 年整体交易规模可达到 2000 亿元。同时，根据《2016 年中国第三方餐饮外卖市场研究报告》，2018 年的外卖订单量将达到 330 亿单，并且每单的价格在 16～20 元的最多，这样算来即使每个订单我们 APP 只提一毛钱，只有 20％的订单使用我们的 APP，也将有 6.6 亿元的收入。如果再加上其他广告收入，去除各种必要的 APP 维护，数据的购买，以及宣传洽谈商业合作等支出，每年也将由上亿元的净收入。

（3）项目实施规划

根据预算收益获得投资——→构建 APP 开发团队——→制定 APP 开发计划——→洽谈沟通与其他领域公司签订合作协议获得所需数据——→利用获得的数据资源进行软

件开发——→APP 试行和公测——→根据发现的问题反馈不断更新完善 APP 漏洞和功能——→发展成熟后拓宽领域进行其他职业 APP 的开发设计。

2. 转换形式

我们已经设计了我们骑天 APP 的目标和所要达到的服务,即提供精准并且科技性的气象预报以及根据实际路况规划最佳线路的目标,实现收入的统计,生活部分小视频、电子书、社交圈、新闻资讯、小游戏这些功能。对于气象预报,我们必须获得准确的气象数据来提供精准预报,这个就需要通过与气象机构合作已获得其数据的使用权,比如国家气象数据和墨迹天气数据等;至于全息投影技术的实现则需要初步形成的科技应用和终端设备手机做支撑,这个需要相关技术领域的公司的支持和授权;地图方面我们则需要与百度地图合作获取他们的地图数据和线路规划语音提示技术;收入统计可以通过统计软件的插入来完成;小视频的提供需要与目前流行的视频软件获取视频资源;电子书则需要借助相关电子书阅读 APP 的技术支持和资源提供;社交圈需要我们学习 QQ 动态或微信朋友圈的技术来实现;新闻资讯则需要与今日头条等软件公司合作筛选提供幼稚的新闻;小游戏还需要我们获得许多小游戏的版权。总之,对于目前的跨领域多方位的合作形势,我们 APP 的开发需要与其他软件合作获得数据并且要求我们学习借鉴他们的技术来完成我们 APP 的开发,当然一个好的 APP 开发设计团队必不可少,需要整合各方资源将多方功能达到完全的统一和谐的展现,还要保证主要功能的流畅和稳定性。这样才能实现我们骑天APP 的各项功能,按预期为外卖配送员提供服务,实现用户需求。当然,还要之后根据用户反馈及发现的问题对 APP 进行更新升级。

第四章 气象＋社会服务

现如今气象与社会服务已息息相关,其中包括电子商务、消费生活、金融、财经法务、高效物流、医疗健康、交通等领域对气象的检测预报和运用的要求都越来越高,气象对人们生活的影响越来越受到关注,气象也越来越贴近人们的生活,但在目前气象服务产业发展仍处于较为滞后的境地,如何实现气象产品与生活的结合,在本次大赛中这些团队给了我们答案。

"天工作美"以气象预测即时为依托,向用户提供人物护肤化妆提出建议的个性化服务,贴近广大群众的日常生活。"气象主题餐厅"将气象与时下流行的主题餐厅有机结合,推进了气象文化的传播同时也创造了新的商业吸引力。"Weather Go"针对群众想规避气象对户外活动带来的风险的需求,适时推出了一份个性化的气象户外险,不仅实现了气象因素风险的转移,同时开拓了我国保险事业的发展领域。

"气象宝宝"则基于室内外环境评估、居住环境建议等,向孕妇提供气象服务,保障了孕妇生活的舒适和安全。而"根据天气情况对飞机延误理赔标准推出的一种新型航空航天险的研制与推广"以标准化的理赔,既满足了乘客对延误的赔偿需求,同时使航空公司能够更高效率地解决相关事件,树立良好的公关形象。

天工作美

沈阳农业大学 卢嘉欣

一、项目简介

天气因素、个体皮肤、化妆品三者之间是存在联系的。我们发掘三者之间的联系,制定出以模糊数学为基础,打分制为框架的算法;最后通过匹配法使化妆品与皮肤及天气相对应,创新出以此为核心技术的服务性项目——天工作美。

二、背景及意义

为了了解本项目的市场前景,我们进行了一系列的走访调查。针对消费者,考虑到冬夏两季体感不同,于 2017 年 1 月与 2017 年 7 月进行了两次问卷调查,有效参与人数共 333 人,年龄层次涵盖 18 岁以下至 45 岁以上的男性、女性。针对销售商和生产商分别进行了实地走访调查。从而收集到人们对于天气和护肤的看法,同时了解到市场需求、市场背景,使产品更具备市场可行性。

(1)对消费者进行问卷调查:为了了解市场,本项目于 2017 年 1 月展开第一版冬令时问卷调查,历时 3 个月统计共 190 人参与调查。后经修改与完善后于 2017 年 7 月展开第二版夏令时调查,历时 3 个月共 143 人参加,两次问卷调查共计 333 人参加。

(2)对生产商进行访问调查:我们于 2017 年 7 月 5 日对沈阳园康天然生物科技有限公司进行走访调查。

(3)对销售商进行访问调查:我们于 2017 年 10 月 3 日分别在黑龙江佳木斯娇兰佳人步行街店,内蒙古通辽市美迹 Meiji 二号店,河南新乡源美化妆品店进行走访调查。

通过问卷调查可知,本产品市场主要针对消费人群主要为女性,占 68.2%,但不拘泥于女性,而且从调查问卷上看男性市场也同样具有潜力。61.3% 的人选择使用护肤品,38.7% 选择不太使用,可以看出项目前景较为广阔,具有巨大的消费者群体。此外,存在一半的消费者购置护肤品后不会阅读使用说明书,不了解使用方法等,将造成化妆品的错误使用,对皮肤损伤概率大大增加,可以看出消费者缺乏科学护肤的意识。最后,问卷调查中发现大约有 76.2% 的人愿意接受手机 APP 形式的推荐进行科学护肤,23.8% 的人为潜在人群,有望在宣传后成为新用户,可以看出该领域的市场潜力巨大。

生产商认为天气因素、人体皮肤性质还有化妆品三者之间是有密切联系的。但是现在缺少一个合理的渠道,让消费者了解到三者之间的关系,购买到适合自己的化妆品。所以生产商对"化妆品动态使用推荐与网上销售一体化"的全新销售模式也持有积极的态度。此外,生产商可根据长期的地域气候化妆品使用分析,开展科学生产以及进行化妆品资源的合理调配。

从对化妆品销售商的走访可以发现:化妆品销售行业已经逐渐发现天气对于美妆使用的影响,但还处于模棱两可的状态,需要有明确的科学的引领和支持;销售员对不了解自己情况的顾客不知如何正确地推荐产品,十分麻烦,而且经常出现顾客不信任销售人员的情况,所以销售人员很期待以一种更高效精准的方式为顾客推荐,同时能使顾客更易于接受。据此,我们可在店内放置含有本 APP 算法的导购器,既满足科学护肤,又解决了顾客对店内销售人员的疑虑。

意义:通过对消费者,生产商以及销售商的调查,使我们贴合市场,充分了解市场需求,根据他们的反馈可以看出对本产品都有着很高的期待度。本产品作为天气美妆动态说明书将为消费者详细介绍该种护肤品的使用时间,方法等,将吸引大批消费者,引导其更加科学的使用护肤品。我们有信心成为一个消费者,生产商,销售商多方受益的平台。在互联网＋时代,用天气与护肤发掘一个待开发的巨大市场。

三、特色和创新之处

1. 功能特色

对消费者而言,本项目为消费者提供科学方便的个性化服务。

(1)时间化妆品使用预报:根据个人皮肤特性及所在地气象因素的变化,预报第二天所需使用的化妆品(优先推荐已购买化妆品),并在当天随时提醒使用合理的化妆品,即天气美妆动态说明书。

(2)空间化妆品使用预报:根据个人行程安排,如出差、旅行时,根据目的地的天气情况,提前给出适合出行时段内的化妆品的选择和使用建议。

(3)日常使用及即时提醒的天气美妆动态说明书:根据分析消费者对化妆品的使用习惯和所在地区的气候分析,提供长期使用的化妆品建议;并且每天根据天气的变化随时提醒使用合理的化妆品。

以上功能为消费者解决了化妆品使用时种类不当、用量不当、用时不当等问题;解决了化妆品的使用没有可信的科学依据的窘境;提供的天气美妆动态说明书使化妆品的使用一目了然,方便使用。

2. 服务特色

(1)可以在销售商店内设置导购装置(算法与 APP 相同),来店顾客可以录入相关信息,得到该店内的化妆品推荐,不会冲击店内销售;由程序直接推荐顾客适合的化妆品,提高了销售商的工作效率,约了人力。

(2)提供了严谨科学的算法、理论以及易于消费者接受的化妆品推荐渠道,使化妆品推荐更具说服力。

(3)提供了"化妆品动态使用推荐与网上销售一体化"的全新销售模式,建立了供与求直接互通的桥梁,提升软服务,进一步提高消费体验,营造品牌口碑,增加销售量。

3. 技术创新

用模糊数学等数学建模方法建立了天气因素、个体皮肤、化妆品之间的联系,在此之前天气与化妆品的交叉领域几乎从未出现,该技术具有创新性。

4. 使用方式创新

打开了化妆品使用的全新方式,消费者可预知第二天所需使用的化妆品;可参考结合实际天气因素而每日更新的天气美妆动态说明书;能得到随个人行程变化而变化的精准化妆建议及长期化妆品使用建议;避免凭个人经验而使用化妆品不当。

5. 内容革新

天气因素、人体皮肤以及化妆品之间关系密切,但是行业内涉及这一领域的服务几乎没有,具有广阔的市场前景;化妆品使用者基数大,使用不当的困扰多,市场拓展容易进行;有严谨的计算方法与科学理论支撑,能够科学地为消费者推荐化妆品;将化妆品的使用与实际情况紧密结合,向使用者提供了更简单明了而又精准科学的天气美妆动态说明书。

形式(渠道)创新:

扩大了销售渠道并提升软服务,进一步提高消费体验,营造品牌口碑,增加销售量;以微信公众号、第三方应用平台或者 APP 等形式呈现出来,操作十分简单,很容易被大众接受使用。

四、可行性分析

1. 可行性分析

(1)理论可行性:咨询了皮肤科专家,查阅了相关文献,并用模糊数学等数学建模方法将天气、皮肤、化妆品联系起来,目前化妆品行业内几乎没有,该理论具有科学性与先进性;

(2)经济可行性:为化妆品商提供了"化妆品动态使用推荐与网上销售一体化"的全新销售模式,扩大了生产商的销售渠道,为网上销售带来了新的生机与活力,能提高至少百分之十的销售量,预计项目投资回收期为 2~3 年,而且商家在广告宣传上投资越多,销量提升就越明显,投资回收期则越短;

(3)技术可行性:以微信公众号、第三方应用平台或者 APP 等形式呈现出来,使用和宣传的方式以及被接受的渠道多种多样;

(4)社会影响:该项目推广后能增加就业,而且根据地区气候分析并给出长期建议使用的化妆品一块,可使化妆品商提前预测化妆品区域性供应的变化,有效的调配化妆品资源,效益明显;

(5)市场可行性:从调查问卷来看存在护肤疑问且有意寻求科学护肤的人占比70%以上,具有广阔的市场空间。

2. 风险分析

(1)大多数消费者的购买渠道都是通过朋友推荐了解,其次是通过实体店导购推荐,再其次是通过手机 APP 了解,最后是通过商品广告选择。可以看出,商品的口碑对于消费者来说为主要影响因素。同时可以看出,手机 APP 方面的推荐也需要进一步推广与改进,关于本产品 APP 想要扩大市场应增加宣传力度,且可以看出该领域的市场潜力巨大。该项目被大众认知需要大力宣传,被接受并使用需要一段过程,而且实体销售比重仍然很大。

(2)存在一半以上的消费者由于思维惯性购置护肤品后不会阅读使用说明书,且不了解使用方法等,这将造成化妆品的错误使用,对皮肤损伤概率大大增加。本产品作为天气美妆动态说明书将为消费者详细介绍该种护肤品的使用时间、方法等,将吸引大批消费者,引导其更加科学地使用护肤品,但依旧存在部分消费者会认为没有必要或者浪费时间而不去仔细阅读。

五、技术难点及关键技术

1. 技术难点

(1)需要更精确更具体的天气数据;

(2)打分体系庞大而复杂,需要进一步投入人力物力开发完善;

(3)化妆品类型纷繁复杂,不同产品特性又不尽相同难以收集,大大增加了难度;

(4)天气与护肤关系的构建需要皮肤专家加入进一步深入。

2. 关键技术

(1)利用模糊数学的建模方法对紫外线强度、皮肤干湿度等要素进行等级划分;

(2)咨询了皮肤科的专家,查阅了皮肤科的医学书籍,了解了皮肤易受影响的方面,制定了打分制的基本算法;

(3)天气与皮肤之间的联系还需要进一步深入探究,并且不断地进行订正。需要专业的皮肤研究公司、化妆品生产公司多方合作,领域交叉得出最优解。

(4)以世界卫生组织提供的人体皮肤的各项指标为参考数据,我们对算法进行了进一步的修正和计算;

(5)对于与皮肤相关的天气数据进行再分析处理,从中提取精确有效的目标数据;

(6)将不同成分特性的化妆品通过匹配法和皮肤、天气相对应。

六、商业模式

我们结合天气气候条件,给出不同化妆品的使用说明,该项目的运营模式可以有如下方式。

1. 个人服务型

该模式主要应用于前期推广。为消费者提供科学护肤的使用建议与即时推荐,吸引大量用户。以吸引品牌商、销售商的进驻。

收入来源:该模式使用与推广阶段,只收取进驻品牌商优先推荐的广告费用。

2. 市场型

(1)专一型

专门针对某一化妆品生产商或销售商的旗下所有产品。根据不同肤质及变化的天气因素进行不同的化妆品推荐,并在推荐后附有销售链接,可以使销售者直接网上购买。

收入来源:前期生产商的服务费用及后期运营,维护费用,流量变现等。

(2)开放型

独立运营该程序。根据不同肤质及变化的天气因素进行不同品牌的不同化妆品推荐。推荐产品的优先顺序是先根据科学性,再根据广告费的多少来确定,并在推荐后附有销售链接,使销售者可直接网上购买。

收入来源:能获取化妆品生产商或消费商的广告费,销售平台的推广费,流量变现等。

七、预期成果和转换形式

1. 预期成果

(1)消费者拥有与天气相应的科学护肤观,将天气作为护肤品的使用和选取的重要指标,将天工作美 APP 日常使用提醒作为生活中必不可少的一部分。

(2)生产商全面进驻天工作美 APP,通过天工作美与消费者"面对面"。并且由天工作美引领的天气美妆科学护肤潮流将促进生产商把天气作为产品研发生产的重要指标。

(3)销售商大面积使用天工作美,使用天工作美推荐产品成为更实用更效率的方式。"天工作美"线上线下全面开花。

(4)该项目以微信公众号、第三方应用平台、APP 等多种方式呈现。活跃于大众的生活,成为生活"必需品"。

2. 转换形式

将产品申请专利后,可以进行专利技术交易,参加国家权威机构举办专利展会以吸引投资商与合作者,以传统的转化方式,进行专利技术的交易;可以进行专利合作,专利技术是技术资产的重要组成部分,作为一种无形资产,在实施过程中可以作为资本投入与合作者一起成立公司,技术入股等。

气象主题餐厅

云南大学 李 钰

一、项目简介

本项目旨在创立气象主题餐厅,其中设置多种气象模拟体验室,从多感官角度考虑,增强吸引力,顾客根据需要自行选择。同时从餐厅装修、餐具样式以及菜品命名和做法方面入手,改变顾客对气象的认识,激发顾客对气象的兴趣。

二、背景及意义

主题餐厅是在体验经济背景下产生的一种新的餐饮业的经营方式,它以其鲜明的主题和文化特色吸引了众多的消费者,给我国竞争激烈的餐饮市场注入了新的活力,也引发了餐饮业结构的调整。相对于其他餐饮企业,主题餐厅的顾客更加追求顾客体验价值的实现(李凡,2006)。主题餐厅概念源自国外,大约兴起于 20 世纪五六十年代,而主题餐厅在中国大陆兴起是在 20 世纪 90 年代后期。与一般餐厅相比,主题餐厅往往针对特定的消费群体,不单提供饮食,还提供以某种特别的文化为主题的服务。餐厅在环境上围绕这个主题进行装修装饰,甚至食品也与之相配合,营造出一种特殊的气氛,让顾客在某种情景体验中找到进餐的全新感觉。近年来,越来越多的个性化主题餐厅,作为一股新势力,崛起在餐饮界。它们使食客在就餐之外,体会到一种独特的文化氛围,也使"吃"这一单纯的行为演变成为一种文化消费(童金杞,2008)。

由于主题餐厅发展迅速,而且相较于传统意义上的餐厅它还具有文化传播的功能,因此,我们考虑能不能通过这样的形式,将与大众息息相关的饮食和气象知识联系起来,达到气象文化传播的目的。

现今公众对气象的认识不够全面,对气象知识的了解程度还不够深,在大部分人的眼中,气象仅仅停留在天气预报层面,因此,气象事物在社会中的普及度还处于一个有待提升的阶段。为了改善现状,提高气象在生活中的影响力,拓宽人们对气象的认识,让人们知道各类天气状况下的防范措施,我们计划从群众接触面最广的餐饮行业入手,在气象领域开展一种新的推广模式——气象主题餐厅,以一种潜移默化的方式使广大群众接触到气象,了解到气象,让气象不仅仅是专业人士的解说与普通民众的抱怨,而是能够更好地服务大众。

无论什么样的餐厅,重要的除了菜品质量与良好的服务以外,就餐环境也是不容忽视的。环境对人的心理影响是显而易见的。苏联心理学家马甫洛夫对人在不同环境下的心理反应作过一个试验:发现89%的人在宽松优雅的环境放松心情后做出一些原本没做出的决定,63.5%的人在就餐环境满足心理需要的前提下做出提高20%消费额的做法。英国的酒店大师、心理学家罗菲松也曾作过一项统计:85%的人在就餐时是冲着环境选择的,也有63.5%的消费者在满意就餐环境时做出超出原先预定消费额的决定。可见,就餐环境对就餐心理影响的重要程度,对吸引消费者促进消费也是极有效的(吴汉龙和高恩信,2011)。

我们的气象主题餐厅,意在利用视觉、听觉等感官的刺激,通过新奇的环境调动顾客的用餐情绪,用专业化的服务模式、样式新颖的就餐用具、专业化的菜品命名以及富有气象内涵的菜品样式,比较完整地让顾客在就餐的同时了解气象知识,拓宽对气象的认识,同时还能激发更多的人对气象的兴趣,希望能够为气象事业的蓬勃发展贡献一份力量。

三、特色和创新之处

1. 特色

(1)气象主题新颖,为气象知识普及提供途径

随着社会的不断发展,人与人之间的交往越来越密切。人们出于各种各样的需要,或沟通感情,或朋友聚会,或联系业务等,前往餐厅就餐已成为家常便饭。并且在生活节奏越来越快、时间价值越来越高的同时,人们不愿将时间浪费在做饭上,到餐厅吃饭已成为一种普遍现象。民以食为天,餐饮是人们日常生活不可分割的一部分,而良好舒适、视听体验新颖的就餐环境更能让人们在烦劳的工作之后有进食的

欲望。并且此行业接触的社会人士范围较广,对气象知识在社会大众中的普及能够起到很好的传播作用,以此拓宽大众对气象的认识面,提高人们对气象的关注度。

(2)模拟环境更具真实感

我们计划打造的气象主题餐厅中的气象模拟体验室,形式多样,各具特色,包含日常天气现象(如风、雨、雪等)、特殊天气现象(如极光、佛光等)、行星大气环境模拟(如太阳大气层、火星大气层等)、各种尺度的天气过程(如台风、寒潮等)等,当然,这一部分需要餐厅与专业的影音工作室合作,将内容以一种更加直观、容易食客接受以及理解的形式展现,比如卡通漫画等。为了加强感官效应,提高气象体验室的带给顾客体验的真实感,我们不仅要在视觉上具有冲击力,更要在听觉上模拟真实感,当然也要分时段对声音进行处理,以保证不会影响顾客进食的情绪。同时,在餐厅的装饰环境、餐具的样式选择、菜品的命名以及做法上也要与气象主题相契合,增强吸引力的同时给前来就餐的顾客一种完整的体验,这样也有利于更加全面的普及气象知识。

(3)全新的视听体验,让大众在享受的过程中接受气象知识

人们对新奇的事物总有一种趋向性,气象与餐饮的结合,让非专业的大众不用经历烦琐的研读,就可以直观地了解天气过程的发生、发展和演变过程,体验自己平时由于工作繁忙或者学业繁重,没有时间和机会去欣赏奇特的天气现象,或者是因为与自己的专业不相关,对气象知识没有过多的接触,错过了一些气象角度美妙的瞬间。而我们的气象主题餐厅,恰好迎合了这方面的需求,让顾客在享受美食的同时从多感官角度接触气象,感受气象的奇妙以及美好。并且我们的气候模拟体验室还能让顾客们体会"反季"的乐趣,餐厅也会在细节方面有效地对气象知识进行科普,让消费者在一种近乎真实的情境中,将气象文化深入身心。

2. 创新点

(1)开发领域的创新

选择一个在气象行业还未曾开发的领域,从与人们息息相关的餐饮行业出发,以广大群众为基础,将气象知识的推广与人们日常生活不可或缺的饮食结合在一起,不仅餐厅的主题新颖,能够激发人们的猎奇心理,而且用独特的环境与服务方式使气象知识的传播更加轻松。由于气象主题新颖,环境模拟更加真实且具有时效性,与同期的主题餐厅相比具有竞争优势。

(2)模拟环境的创新

当下一些追溯历史的主题餐厅,或者是以某一种文化(比如藏族文化)、某一种风格(如浪漫、运动、黑暗等)为主题的餐厅,形式比较单一,布局完成之后就已成定局,再次修改需要耗费大量的人力物力,且可供顾客选择的可能很少。而我们计划创立的气象主题餐厅,用 LED 成像技术,能够较为方便地更改内容,动态的主题展现形式更加吸引人,且内容能够不断变化,具有时效性。顾客可以根据自己的需要随

意选择,就餐环境更加符合自己的心意,提高了就餐的幸福感。

四、可行性及风险分析

1. 可行性分析

（1）经济可行

对项目的承办者来说,由于气象主题餐厅在气象和餐饮领域都是一个突破与创新,加之餐厅的资金链稳定且不繁杂,收益可及时显现,且无债务问题,而且气象主题餐厅投入市场之后,由于其新颖的形式以及得当的宣传手段会吸引大量顾客前来用餐,可在较短时间内回收成本。

（2）市场可行

当下各种风格、各种含义的主题餐厅较多,但主题餐厅一般都针对特定年龄阶段的消费人群,而气象主题餐厅对顾客年龄的限制较小,客流量比一般餐厅要大很多。将气象融入进餐饮,让气象处于一个大众更容易接受的层面,会吸引大量对气象感兴趣的非专业人士前来体验,而专业人士也会在想了解气象主题餐厅究竟是一种什么样的呈现形式的驱动下前来了解,加之得当的宣传手段,开业之后的客源问题可以解决,加之我们计划打造的气象主题餐厅在投入市场之前必须经过反复的实验确保体验效果,在投入市场之后品质值得信赖,会有一大批回头客,加之人们之间口口相传以及一定的优惠活动,客源将会越来越稳定,并呈现增加的趋势。

（3）技术可行

LED成像技术较为成熟,环绕式音响的普及,天气状况的实时更新以及温湿度的控制技术如LED温控灯、加湿器等都为项目的可行性提供了保障。

2. 风险分析

（1）大众对气象的关注度不够

要想提高公众对气象餐厅的兴趣,我们自己需要找准定位和优势,首先,可以通过餐饮加盟的形式提高大众对气象餐厅的信任程度。与连锁餐饮项目合作,借助他们的知名度消除顾客对气象主题餐厅的部分顾虑,让顾客愿意来餐厅用餐。其次,选择得当的宣传方式,不能采取一般主题餐厅高冷的态度不宣传,只靠餐厅的口碑在顾客之间口口相传,也不能用力过猛,不仅达不到宣传的效果,还会使情况更糟。

（2）主题餐厅较多

当下各种风格、各种含义的主题餐厅较多,如果气象主题餐厅没有达到理想效果,那么竞争优势会下降很多。因此,主题餐厅的承办方需要严格把控装修、餐具、菜品名称以及做法,给顾客一种整体的气象感受,全面地为消费者服务,提升顾客的体验真实感以及用餐的幸福感。

（3）前期投入较大，装修规模宏大，施工过程较为困难

由于气象主题餐厅的装修多涉及电子产品，在装修过程中的损毁率难以估计，而且装修完成后的调试过程也会存在使用问题，需要重新更换。并且餐具、菜品样式都需要专业设计，菜品命名也需要详细考虑，前期投入较大。因此需要承办团队有足够的耐心和信心。

五、技术难点及关键技术

1. 室内 LED 视频显示屏

LED 显示屏（LED panel）是利用发光二极管点阵模块或像素单元组成的平面式显示屏幕，它是集微电子技术、计算机技术、信息处理技术于一体的大型显示屏系统。

其分为图文显示屏和视频显示屏，均由 LED 矩阵块组成。图文显示屏可与计算机同步显示汉字、英文文本和图形；视频显示屏采用微型计算机进行控制，图文、图像并茂，以实时、同步、清晰的信息传播方式播放各种信息，还可显示二维、三维动画、录像、电视、VCD 节目以及现场实况。

LED 显示屏性能超群，主要优点有以下几点。

（1）发光亮度强。在可视距离内阳光直射屏幕表面时，显示内容清晰可见。

（2）超级灰度控制。具有 1024～4096 级灰度控制，显示颜色 16.7 MB 以上，色彩清晰逼真，立体感强。

（3）静态扫描技术。采用静态锁存扫描方式，大功率驱动，充分保证发光亮度。

（4）自动亮度调节。具有自动亮度调节功能，可在不同亮度环境下获得最佳播放效果。

（5）可靠、方便。全面采用进口大规模集成电路，可靠性大大提高，便于调试维护。

（6）全天候工作。完全适应各种恶劣性环境，防腐，防水，防潮，防雷，抗震整体性能强、性价比高、显示性能好，像素筒可采用 P10mm、P16mm 等多种规格。

（7）自动调节亮度。先进的数字化视频处理，技术分布式扫描，模块化设计，恒流静态驱动，亮度自动调节。

（8）超高亮纯色像素。

（9）影像画面清晰、无抖动和重影，杜绝失真。

（10）视频、动画、图表、文字、图片等各种信息显示、联网显示、远程控制。

2. 环绕立体声技术

环绕声技术，就是使用多支固定位置的话筒拾取声源，并通过同样数量的扬声器进行重放的一种技术。这种技术可以还原给人以真实的临场感，当然声道数越多，临场感越强。而 5.1 声道环绕声即指五支话筒拾取声音并通过五个扬声器重放，".1"指还配有一个低音扬声器。系统搭建成本与效果的优质平衡，使 5.1 环绕立体声技术至今仍具有旺盛的生命力。

3. 温湿度控制器

温湿度控制器是对温度和湿度进行测量、监控的仪器仪表,主要用在需要控制温度和湿度的场所。

温湿度控制器主要可分为普通型系列和智能型系列两大类。普通型温湿度控制器采用进口高分子温湿度传感器,结合稳定的模拟电路及开关电源技术制作而成。继电器动作、加热器故障电源等工作状态均由 LED 指示,用户一目了然,产品稳定可靠,能长期工作于强电磁场等恶劣环境中。智能型温湿度控制器以数码管方式显示温湿度值,有加热器、传感器故障指示、变送功能、带有 RS485 通信接口可供远程监控,用户可通过按键编程自行设定系统参数。该仪表集测量、显示、控制及通讯于一体,精度高、测量范围宽。本项目拟采用智能型温湿度控制器,以更好地为用户提供其所需要的服务。

六、商业模式

1. 概述

现今群众对气象知识的了解程度还不够深,在大部分群众的眼中气象仅仅是天气预报,气象事物在社会中的普及度也还处于一个有待提升的阶段。为了改善现状,提高气象在生活中的影响力,让人们知道各类天气里的防范措施,我们从公众接触面最广的餐饮行业入手,在气象方面开发一个新兴的领域,以一种潜移默化的方式使广大群众接触到气象,了解到气象,让气象不仅仅是专业人士的解说,而是能够更好地服务大众。

气象主题餐厅是一个结合天气、环境与食欲高度的相关关系,从很容易引起人们兴趣的餐饮事业出发,以广大群众为基础,使得天气的预报与气象的普及更为简便快捷的高级餐厅。使顾客在用餐时能够在不同的空间与时间里根据自身需求体验到不同的天气情况。这不仅刺激了消费,满足了顾客的需求,更使得顾客在气象信息电子屏幕、以气象菜名用餐以及对四周气象提醒的环顾中,对气象有了更多的了解,增强了人们的气象意识,便起到了对气象的普及与推广的作用。

2. 主要业务以及贡献价值

以创建并打造为一家气象主题餐厅为核心,在其里面设置多种模拟气象体验室,包含日常天气现象(如风、雨、雪)、特殊天气现象(如极光、雷暴、台风)、行星大气环境模拟(如太阳大气层、火星大气层)等,为了加强感官效应,提高气象体验室的真实性,我们会从视觉、听觉等方面同时入手。顾客可以根据自身需要,自行选取体验室内的环境。通过调整不同的天气,使消费者享受到畅快的用餐环境,在夏季一样可以体会到冬天吃火锅的感觉,并通过罕见天气现象增加消费者的兴趣,通过调节温度、湿度来刺激消费者的食欲。在餐厅内的电子显示牌上会显示当天的温度、湿度、空气污染指数、穿衣建议、运动建议、饮食建议等进行一个精简的描述,使得顾客一进门便可知晓天气状况以及生活安排。

在食物名字以及做法方面引进创新型新词汇。菜名将选用气象词汇,食物的做法也将从展现天气现象的角度出发,将顾客向气象专业化方向引导,了解大气科学方面知识与内容,让消费者重新认识大气科学专业。细节方面,在餐厅的墙壁、桌上、椅子靠背等地会贴一些对气象知识的介绍或是对湿冷燥热等不适天气的防范与提醒。

3. 主要客户

由于气象主题餐厅投资成本较大,因此目前面对的客户多为高消费、喜欢新奇、接受新事物的群体为主,但是对年龄的限制较小。当代社会的消费水平明显提高,人们追求在消费的过程中获得更多的享受,而我们利用消费者的这种心理需求,将享受过程演化成一种信息推广与事业关注的渠道。

4. 收入来源

(1)经济利益

任何一个行业、一家企业的效益和整个大的经济背景都是密切相关的。当宏观经济发展势头良好,就能够为企业带来一定的效益,这就是景气利益。反之,整个经济发展受阻,企业的景气利益就低。同样,不同的地区由于经济发展情况不同,给饭店带来的效益也有所差别,因此建议将餐厅设至东部沿海地区。

(2)机会利益

对于任何主题餐厅来说,市场上的机会利益也很重要。而气象主题餐厅是气象、餐饮两大行业的创新,竞争压力较小,可行性较高。

(3)创新利益

气象主题餐厅突破了用餐只是吃饭的局限性,使得群众在用餐时能够在不同的空间与时间里根据自身需求体验到不同的天气情况,这不仅刺激了消费,满足了顾客的需求,在调整温度湿度过程以及天气变化过程中,可以使顾客调整自己的心情和食欲,从进门看电子屏幕、以菜名用餐以及对四周气象提醒的环顾中,对气象有了更多的了解,增强了人们的气象意识。

七、预期成果和转换形式

1. 经济上的预期成果

初期投入 800 万左右的资金进行创立与经营,刚开始时以满足群众消费欲望、推广气象事业为基础,可实行一定的降价活动。此后可逐渐开展各种气象主题活动开启盈利模式,预计在 3 年之内拿到本钱,尔后开始盈利。餐厅初步选定在大城市人口密集区,可以有更多的市场空间。

2. 气象普及程度

随着气象餐厅的推广,餐厅细节方面的装潢,可以向顾客充分展示气象知识,让顾客看到更多的天气现象,使得人们进一步地了解气象事业,让气象能够更好地服务于公众。

3. 给消费者带来畅快体验

气象餐厅可以让消费者感受到不同季节,不同天气现象带来的乐趣,并且可以在当季随时随地体验到"反季"吃法的新奇。

4. 转换形式

如果在装潢过程中,LED设备有限,或尺寸比例略有差错,可适当用立体瓷砖等其他材料进行补充。如果在实际操作中,发现设备易被损坏,可以适当添加一些防护膜、玻璃膜、玻璃板等可以起到保护作用的材料安装在易损设备上。同时,在顾客用餐时可适当调整温度、湿度上限,使顾客时刻保持愉快的心情用餐。

参考文献

李凡,2006. 主题餐厅的顾客体验价值研究[D]. 杭州:浙江大学.

童金杞,2008. 主题餐厅的经营现状及发展趋势[J]. 商场现代化(22):136-137.

吴汉龙,高恩信,2011. 论就餐环境与就餐心理[J]. 高校后勤研究(01):64-66.

Weather Go——一份个性化的气象户外险

成都信息工程大学　夏雨萱

一、项目简介

Weather Go采用数据分析技术及金融精算技术进行设计,采用多种常见气象条件承保,为消费者提供个性化定制。是一款减少因天气原因对消费者造成的经济、精神等损失的气象户外险。

二、背景及意义

1. 市场对天气保险展现出了需求

随着我国经济的快速发展和人民生活水平的提高,现在人们生活越来越丰富,户外活动在人们生活中的比重也越来越大,因此户外的天气条件比如高温、降雨和降雪对人类活动的影响程度也越来越高。这些情况在客观上对保险业促进社会迈向更高水平提出了更高的要求,新的经济形势和广阔的市场要求我国的保险业开展个性保险业务。以前由于我国保险业发展缓慢,覆盖面不够广泛,传统的基本险种不能满足大家这些个性化的需求,加之人们保险意识淡薄,大家就对这类损失没有引起重视,就自己独自承担;如今,人们为了提高生活品质,开始展现出这方面的保险需求,为了帮助人们更好地及时转移此类户外活动的风险,从而获得更好的活动体验,我们团队研发了这样一份个性化的天气保险。

2. 我国气象技术快速发展,已具备了开发天气保险的基础

目前,气象部门和农业、水利、民航、盐业、海洋、航天和石油等行业一起组建成的全国气象台站网在台站分布密度、观测质量和时效性方面已经达到或者超过了世界气象组织要求的标准,为我们开展天气保险业务提供了必要的数据支持。与此同时,我国的气象信息正逐步对外开放,与天气有关的新的金融产品不断涌现,社会和资本因素让与天气有关的保险业务开始发展。

以下着重分析个人和团体组织对这方面保险的需求背景和意义。

(1)当个人举办露天婚礼、露天聚会等户外活动时,可能会受到天气的影响而不能如期举办或者中途中止。这时,筹办人不仅经济受到损失,同时心情也会受到影响。这个保险项目很好地解决了这一问题,只要举办活动的人参保,当遇到不可预期的天气时,我们就依据保单立即支付赔付金,这不仅能解决他们的部分经济损失,而且还能给他们带来一丝宽慰感,以缓解他们低落的心情。

(2)当个人不是作为举办方,而是作为参与方时。当个人出去赏景、去演唱会现场或者去足球比赛现场等户外活动时,天气的变化可能会使个人没能观赏到自己心中期待的景象,或者会看不了期待已久的演唱会或者比赛。这会使这个人对这些活动举办地的满意度下降,而这不满意的情绪一旦传递出去,就会影响当地一些产业(类似旅游业、商业等)的运营。因此该项目对于这类人,首先他们在购买各类门票时如果同时购买了这一保险,消费者心里会对前去的活动有一定的天气预判,如果发生恶劣天气影响活动的顺利举办,他们因为预先对天气有估计,并且购买了保险,此时不会对当地立即产生排斥心理,由于保险的存在,即使在体验上有所不足,也可以得到一定的现金补偿,消极情绪便会得到较好的遏制,也更能促进消费。

对于企业或主办方而言,更需要一个合理的机制对不可抗的天气因素造成的经济损失进行补偿。

(1)当企业举办促销、宣传等与企业销售相关的大型户外活动,在举办活动时如果遇到恶劣天气,宣传促销活动不能如期举办,库存积压,管理成本没有减少,与此同时销售业绩可能也会受到一定影响,为此带来的经济损失更为严重。因此,本项目的天气保险可以为企业减少一定的经济损失。

(2)当企业要举办演唱会、足球比赛等需要大量观众的户外活动时,企业在销售票的同时推出天气保险,可以让消费者有一定的心理准备,同时也减少了企业经济损失的风险。如果中止活动,赛事承办方面对观众可能的退票或索赔,有一份天气保险对他们有直接的好处,保险人以收取保险费用和支付赔款的形式,将少数人的巨额损失分散给众多的被保险人,从而使个人难以承受的损失,变成多数人可以承担的损失,从而大大减少了原本自己需要承担的损失,进行了风险的转移。

三、特色和创新之处

1. 着力应对天气变化本身的不稳定性和天气预报的不准确性

从天气变化上来看，全球变暖、极端天气频发等现象说明天气的不稳定性增长。此外，在我国中长期天气预报、气候预报存在着准确率较低的客观情况，天气预报往往不能够为民众提供及时、准确的信息。在这样的情况下，由于天气的不稳定性与预报的不确定性，普通民众的户外活动会受到一定的财产、精神损失，对于一些气象敏感企业或承包商，即使有所准备，因为规模的原因，也会遭遇一定程度的损失。我们正是抓住了实际天气与预期天气不符合的情况对人们的生活带来的不良影响，及时开发了这样一种个性化天气保险，以用这个保险尽力消除或减少大家因天气预报不能百分之百准确而对活动和自身造成损失的顾虑，以应对天气变化的不稳定性。

2. 填补了国内保险行业的空白，扩宽了保险的种类和深度

由天气预报不准确以及气象变化本身不稳定性带来的损失一直存在，天气保险在美国已经行之有年，日本及欧洲也有很多成熟的案例。但是在我国，保险业的发展相对滞后，已有天气保险也大多用于农业生产方向，总的来说形式也较为单一，对于人们日常生活的保险服务领域几乎为一片空白。在目前国内传统的保险市场中，极少有公司推出相应的天气保险产品，进行风险的转移。

基于以上的情况，我们着力研发了这样一份气象户外险，它极大地扩展了保险的范围和深度，着重于为人们的日常生活服务，体现了保险"关爱每一普通民众的生活，实惠于民，关心生活小事"的目的，同时是真正能够做到进入每个人的生活产品。

3. 购买方便、赔付简单

我们的设计立足简洁实用，购买者可在网页或 APP 内上输入相应的信息，即可快速定制一份个性化的气象指数保险。选择想要规避的气象因子、所在城市、保险时间，再选择相应的活动类型，我们结合历史材料，以及消费者的需求，计算赔率，最后提供一份专属保险，保单可瞬时生成。相对于传统保险，天气保险赔偿金额的兑现非常迅速。在天气保险实际操作中，既不需要投保人在出险后向保险公司递交详细损失表单，又不需要保险公司特地核实被保险人的经济损失，只需气象部门监测的当天实时准确的天气数据即可作为依据，这样最直接的好处便是使得保险运作中的道德风险得以降低，极大地方便了用户的使用和公司的运营。

四、可行性及风险分析

1. 市场分析

随着温室效应的加剧，天气越来越变化万千，极端气候事件发生频率也在急剧上升，关于天气的社会关注度正日益提升，因此此类保险具有较大的市场需求。而从我们做的抽样调查问卷中，从对天气保险的了解程度（图 4-3-1）可以看出来，大家

对天气保险的认知很少,因此这个行业是属于一片比较新的领域,进入这个行业,可以很好地施行蓝海战略。

从对天气保险的需求(图 4-3-2)可以看出,即便大多数人对天气保险涉足很浅,但大家还是愿意为尝试这一保险。因此,市场需求相对比较大。

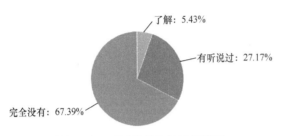

图 4-3-1　对天气保险的了解程度

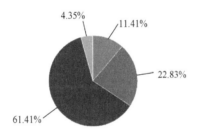

■有这个需求（企业、主办方)■有这个需求（个人) ■可以尝试 ■不会购买

图 4-3-2　对天气保险的需求

2. 盈利分析

假设该项目一旦实施可以持续经营五年以上若公司通过最初的融资,部分用于经营环节中的各项费用,部分留存在银行,部分进行投资。若投资报酬率为 30%,并且公司提取一定的责任保险金后,将剩余可用资金的 73% 进行投资,可以得到现金流量表如表 4-3-1。

表 4-3-1　现金流量表 　　　　　　　　　　　　　　　　单位:元

项目		第一年	第二年	第三年	第四年	第五年
(1)经营活动产生的现金流量	销售商品,提供劳务收到的现金	152231.30	177540.73	196251.47	220995.06	248624.17
	提取到期责任保险金	4000.00	3000.00	3000.00	3000.00	2000.00
	投资收益	402179.23	463364.08	535871.69	618842.87	715084.74
	经营活动现金流入小计	558410.53	643904.81	735123.15	842837.93	965708.90
	支付给职工以及为职工支付的现金	46678.13	57751.72	61424.07	67785.66	75644.79

项目		第一年	第二年	第三年	第四年	第五年
(1)经营活动产生的现金流量	赔付支出	31000.00	42000.00	52000.00	62000.00	73000.00
	支付的其他与经营活动有关的现金	101076.83	115153.68	130074.52	148301.08	167897.49
	经营活动现金流出小计	178754.96	214905.40	243498.59	278086.74	316542.28
	经营活动产生的现金流量净额(A)	379655.57	428999.41	491624.56	564751.19	649166.62
(2)投资活动产生的现金流量	投资活动现金流入小计	—	—	—	—	—
	购建固定资产无形资产其他资产支付的现金	12567.90	—	—	—	—
	投资活动现金流出小计	12567.90	—	—	—	—
	投资活动产生的现金流量净额	−12567.90	0.00	0.00	0.00	0.00
(3)筹资活动产生的现金流量	吸收投资收到的现金	1390080.00	—	—	—	—
	借款所收到的现金	351920.00	—	—	—	—
	筹资活动现金流入小计	1742000.00	—	—	—	—
	分配股利利润或偿付利息支付的现金	15836.40	15836.40	15836.40	15836.40	15836.40
	支付的其他与筹资活动有关的现金	—	—	—	—	—
	筹资活动现金流出小计	15836.40	15836.40	15836.40	15836.40	15836.40
	筹资活动产生的现金流量净额	1726163.60	−15836.40	−15836.40	−15836.40	−15836.40
(4)汇率变动对现金的影响		—	—	—	—	—
(5)现金及现金等价物增加净额		2093251.27	413163.01	475788.16	548914.79	633330.22
加：期初现金及现金等价物余额		—	2093251.27	2506414.28	2982202.44	3531117.23
(6)期末现金及现金等价物余额		2093251.27	2506414.28	2982202.44	3531117.23	4164447.46

通过现金流量(NCF)净现值法(NPV)、内部收益率法(IRR)、净现值法(PP)得到该项目在 5 年内的收益预期,计算得到的各数据如表 4-3-2。

表 4-3-2 预期收益

	建设期	第一年	第二年	第三年	第四年	第五年	贴现率
NCF	−1742000.00	351251.27	413163.01	475788.16	548914.79	633330.22	10%
各期 NCF 的现值	−1742000	319319.33	341457.04	357466.69	374916.19	393248.24	
NPV	44407.49	可行					
IRR	10.90%						
PP	2.80						

从数据可以看出，NPV＞0，则项目实施后，除保证可实现预定的收益率外，尚可获得更高的收益。因此该项目是有价值的，是可以盈利的。

3. 风险分析

（1）用来投资的资金，若追求较大的投资报酬率，则其对应的经营风险越大，若投资失败可能会面临资金周转困难等问题，具有资金风险。

（2）市场需求波动难以预测，如果消费者对消费不满意可能会影响口碑从而影响销售，具有市场风险。

（3）天气变化万千，预测难度大，具有技术风险。

五、技术难点及关键技术

本产品实质上是天气指数（Weather Index）保险，保险公司依据该地区的气象数据等资料（如：降水量、气温、雪量等）进行评估，精算，厘定费率，最终确定保险产品。投保人通过购买保险将可能由天气带来损失转嫁给保险公司，可为有危险顾虑的人提供保险保障。

那么，要想不亏本营销，保证在一个会计年内，公司所收取的保费收入要大于保险公司的赔偿额，从而来进一步厘定合理的费率。接下来将基于精算的原理对该险种进行简要的分析。

我们考虑保单组合为一个整体，已发生理赔的保单组合作为基本分析对象，并且做出如下假设。

① 理赔次数与每次理赔额变量都相互独立。

② 理赔额变量具有相同的分布，为同质风险。

③ 保险公司对每一个消费者收取的保费相同。

符号表示：N 表示一个会计年内发生理赔的次数，X_i 表示在此期间内第 i 次理赔的金额，S 表示理赔额，$F(x)$ 表示理赔额变量的概率分布函数，$f(x)$ 表示理赔额变量的密度函数，保险公司对每一个消费者征收的保费是 p。

则有：$S = \begin{cases} \sum_{i=1}^{N} X_i, N > 0 \\ 0, N = 0 \end{cases}$

根据大数定理，当理赔次数 N 趋近于无穷大时，总理赔额 S 将近似服从正态分布，于是，运用概率论的知识，将 S 标准化，记为 Z

可知：$Z = \dfrac{S - E(S)}{\sqrt{\text{var}(S)}}$，且 Z 的分布服从标准正态分布。

显然，为了盈利，则需要保证在一个会计年内，赔偿额需要小于收取的保费总额。设一个会计年内，有 n 人购买了该份保险（$n \geqslant N$），则总的保费额为 np。

接下来，我们设亏损的置信水平为 $\partial\%$，即表示，该产品在 100 年内，允许亏损的频率最大不超过∂年。其中,一般来说,$\partial \geq 99$。

则有概率模型:$P(S \geq np) \geq \partial$

将其进行化简,则有:$P(\dfrac{S-E(S)}{\sqrt{\mathrm{var}(S)}} \geq \dfrac{np-E(S)}{\sqrt{\mathrm{var}(S)}}) \geq \partial$

进一步,有:$E(S)-np = \phi(\partial) \times \sqrt{\mathrm{var}(S)}$

其中,$\phi(\partial)$表示为正态分布的分位数,由查询正态分布表得到。

当某保险的经营满足#式时,则可表示,该保险是在预期范围之内,不会亏损营销。

为了进一步地提高模型的准确度,可以采用线性回归分析的方法对极端天气发生的概率进行预测。可采用的具体分析方法包括逐步回归等。

逐步回归包括三种不同方案:逐步剔除、逐步引进和双重检验的逐步回归。

逐步剔除即为从包含全部变量的回归方程中逐步剔除不显著的因子,对单个因子按其方差贡献从小到大排列,对方差贡献最小的因子进行 F 检验,如果结果不显著则将其剔除后重新建立线性回归模型。该方法的缺点为计算量大。

逐步引进则为在一批待选的因子中,考查它们对预报量的方差贡献,对最大者进行统计检验,若结果为显著的则将其引入回归方程。该方法计算量相对较小,但在引入新的因子之后,由于它和老因子之间存在相关关系,无法保证老因子仍然显著。

更加有效的方法是进行双重检验的逐步回归,即一个个的以方差贡献显著为条件引入因子,并在引入新因子之后对老因子逐个检验,剔除方差贡献变为不显著的因子。

通过采用逐步回归的方法,可以找出对所要预测的气象状况的影响较为显著的因子,提高模型的可靠性和准确度,降低保险收益的不稳定性。

六、商业模式

1. 销售渠道

主要通过 APP 客户端以及微信公众号进行销售。在设计产品种类和购买模式时,我们做了一次市场调查,大多数人表示希望通过网络购买该保险,参考了国外成熟案例,同时考虑到微信使用人数相对广泛,且具有易支付、易退款的便利,购买和退款都可以通过微信客户端进行操作,所以我们在 APP 的登录方式中加入了微信登录。当然,购买者也可以通过支付宝进行登录,进行保险的购买。

此外,我们的微信公众号也可以进行保险的购买。同时,我们也会利用微信公众号与我们的客户进行一定的交互。例如:注重微信公众平台的维护,保证产品与客户的交互性,推送赔保案例吸引消费者继续投资,推送购买者感兴趣的话题,保证一定的浏览量,进行推广,从而保证产品有"回头客"达到长期发展。

2. 保险产品

(1)保险类型

保险类型见表 4-3-3。

表 4-3-3　保险类型

活动类型	气象类型			其他要素
	雨	雪	高温	
大型户外活动(体育赛事、演唱会、展销会)				投保时间
小型露天活动(婚礼、聚会、游乐园)				投保地点 投保人
观测类(科研观测、平时观测)				(目标赔偿金额)

（2）目标客户

此户外气象险主要为受非极端天气影响较大的户外活动提供保险服务,例如受高温、降雨、降雪的影响的活动,分为企业版与个人版。企业版投保对象目前为户外活动的承办商(未来会依据需要扩大业务范围),这些大型户外活动参与人数多,对天气变化敏感,气象原因造成的损失较大。个人版则面向户外活动的参与者个人。他们购买此项天气保险是为了保障更好的活动体验,如果确实遇到不理想的天气变化,那么就将得到保险的补偿。

（3）购买程序

购买者可在网页或 APP 内上输入相应的信息,即可快速定制一份个性化的气象指数保险。选择想要规避的气象因子、所在城市、保险时间,再选择相应的活动类型,我们结合历史材料,以及消费者的需求,计算赔率,最后提供一份专属保险,保单可瞬时生成。

3. 收入来源

（1）保险销售收入。通过线性正倒向随机微分方程数学模型和概率计算,确定特定天气出现的概率,并设计简化的保险产品,计算赔付率,根据相关理论选取合适的保险定价,使消费者控制风险的需求得到满足,本产品的标的物贴近生活,所面对的消费者群体广,因此预期销售情况较为良好。该途径获得的收入是最主要的收入来源。

（2）投资收入。将通过保险销售等主营业务获得的收入部分用于投资证券、基金等金融产品,获得再一次收入。该途径获得的收入主要用于日常运营维护。

（3）合作推广。与潜在的合作商(如旅游景点管理部门、体育赛事承办商等)建立合作推广关系,将产品推广信息投放在其宣传材料中的同时,在我方公众号、网站中为它们进行推广,收取低廉的推广费用。寻求赞助商,并进行合作,让他们在产品照片中适当的投放广告,以收取相关的费用。该途径获得的收入主要作为平衡合作关系的筹码。

七、预期成果和转换形式

1. 预期成果

（1）调查问卷。调查问卷是对天气保险市场进行调查,调查对象为成都信息工程大学学生及周边居民,选取的样本为在随机抽取的同学和居民。调查所涉及的内容包括了对不同天气的担忧程度,对天气保险的了解程度等。经过收集之后,我们将对得到的数据进行整合分析,为后续研究和讨论做准备。

（2）PPT。把本次项目的流程进行 PPT 制作,以便答辩使用,预计将会包括产品设计思路,产品商业模式等内容。

（3）论文。把商业计划书经过一定的讨论、修改,扩大理论研究部分,并在大气科学与金融学领域各自进行细化、深化,写出一篇完整系统的论文,研究气象保险相关理论。

（4）数据资料。所有数据处理的方法和过程需要进行汇总,方便审阅与使用。

（5）商业计划书。思考产品的优势与劣势,找出机会和威胁,并联系所学经济管理知识进行分析,总结成为完整的商业计划书,作为项目运营的总策略。

2. 转换形式

（1）微信公众号。腾讯第二季度财报数据中显示,微信和 WeChat 的合并月活用户数已达 9.63 亿,如此庞大的用户量使微信公众号平台能更好地进行产品宣传,扩大企业影响力。而本项目申请的微信公众号主要有两大功能,一是推送功能,主要推送与天气保险相关的国内外案例以及和天气相关的生活常识,同时也会提供本产品的新型险种介绍;二是购买功能,主要通过链接使顾客能自由购买相关保险,主要的支付功能将由微信支付提供,同时公众号还将提供 APP 的扫码下载,方便使用。

（2）网站。企业运营过程中,供求关系影响了企业销售状况,而顾客需求影响着供求关系,因此,顾客是每一个企业盈利的关键点。建立一个完整的网站,能让大家更全面详细地了解企业每一个保险产品,能和客户保持密切联系从而提供最贴切的服务,能在一定程度上提升企业形象,因此,网站的设计是必要的。由本项目建立的企业功能如下:一是通过网页使更多的人了解我们的业务,了解天气保险;二是大家购买天气保险的一种途径,其步骤大致与公众号相同。

（3）APP。手机 APP 能向用户推送最新的优惠活动,实时性强,互动性好,能最直观地将所需信息呈现在用户面前,并且减少用户与产品的隔阂。配合支付宝、微信支付等移动支付手段以及蚂蚁信用作为个人信用担保能让客户更便捷地完成支付程序,减少购买保险的多种手续和步骤。因此 APP 也作为一项消费者购买天气保险的重要手段。

"气象宝宝"——一款基于环评的孕妇气象服务

兰州大学　刘尹成

一、项目简介

室内外居住环境对孕妇和胎儿的身心健康具有重要的影响。然而目前市场缺乏针对孕妇的气象和环境咨询类服务产品。本项目通过开发"气象宝宝"服务类产品为孕妇提供室内外的气象、环境评估以及居住环境改善建议的一体化服务。

二、背景及意义

1. 背景

随着社会的发展和人民生活水平的提高,人们在居住环境上投入了越来越多的关注,更加注意居住环境对人身体健康的影响,尤其注重对于孕妇和婴幼儿这些敏感人群的影响。根据市场初步调研结果,目前孕妇家庭对于周围环境是否有利于孕妇和胎儿健康的关注度较高,迫切希望有一种产品能够提供相关的环境评估或咨询建议。本项目设计的"气象宝宝"服务为孕妇提供生活、出行环境的咨询和建议,填补了市场上同类产品的空白。

2. 意义

目前市场上的天气咨询类的气象产品多是服务于普通大众的出行,关于孕妇的气象和环境服务类产品几乎没有,本项目将气象环评服务和孕产服务相结合,为改善孕妇的备孕和坐月子环境提供更加科学的指导和建议。

三、特色和创新之处

(1)将气象环评服务和孕产服务相结合,首度开发了专门针对孕妇的气象服务。

(2)确立了影响孕妇健康的气象、环境参量和评价指标,并给出了模拟产品(程序、网站、公众号等)。

(3)本项目后期计划与孕妇周边相关的实体产业相结合(如月子中心)。

四、可行性及风险分析

1. 可行性分析

目前我国市场上的气象产品大多为预报类,出行旅游建议类,天气出行和农业保险类,覆盖能源、保险、农业、交通、商业智能等方面,但对于孕妇保健方面的气象产品仍处于空白阶段,我们的项目具有先发优势。

根据中国国家统计局数据显示,2014 年,中国新生婴儿数量为 1700 万人,而根据最近几年的人口增长率以及国家"全面二孩"政策等开放因素预测,到 2020 年,中国新生婴儿数量有望接近 2000 万人[1],这意味着届时中国每年有将近 2000 万的孕产妇消费人群。同时,中国实行多年的计划生育政策使得如今的年轻夫妻大部分都是独生子女,在这样的背景下,每个怀孕女性的背后都有 2~3 个家庭提供消费支撑,这无疑会进一步扩大我们产品的消费动力。

同时根据市场初步调研结果,目前孕妇家庭对于周围环境是否有利于孕妇和胎儿健康的关注度较高,迫切希望有一种产品能够提供相关的出行天气和居住环境建议。综合以上两点,目前市场需求量较大。

据以上数据测算,以每年中国新生婴儿数量为 2000 万人计,若孕妇每人每年平均在我们开发的孕妇服务产品上投入 100 元人民币,则总规模达到了每年 20 亿元人民币,进一步假设这其中只有50%的孕妇家庭愿意投入,总规模也可达到每年10亿元人民币,如果包括其他潜在的广告费,项目收入将更加可观。

从操作难易度来看,可以与各地方气象局或空气果等及时数据采集商合作获得所需的气象数据,也可上门进行室内空气质量检测直接获取数据。易于操作,资料准确性高。同时由于该项目属于一种服务,风险整体可控。

2. 风险分析

由于该项目属于一种服务,数据也可以从相关权威途径获取,在产品开始盈利阶段,我们可以自己直接获取数据,因此总体风险较小。主要风险在于我们设计的评价体系需要更加科学和准确的论证,气象参量和空气质量指标个数和代表性的选取有待商榷。为此,我们将在项目的执行过程中,与妇幼专家进行交流探讨,系统评估我们选取的气象参量对孕妇及胎儿的影响。同时我们可以在项目运行过程中根据实践不断的校准,提高服务的科学性和可信度。

其次根据市场初步调研结果,目前虽然市场需求较大,但如何将这种需求转化成实际消费行动的方法(比如制定合理的服务价格)仍需在实践中去探索;为此,我们将在项目的执行过程中,多做相关市场调研以解决上述问题。

五、技术难点及关键技术

需要确定哪些气象要素和空气质量指标对准妈妈和宝宝有显著影响,开发一套数据采集和评价系统。由于在市场上没有同类产品可供参考,所以难点就是确定主要的检测参量和合理的评价指标。

六、商业模式

(1)用户根据不同种类、质量的咨询建议支付资费;

(2)专家上门为居住地进行室内外环评的有偿服务;

(3)相关孕妇产品(如家庭环境监测仪器)的广告费;

(4)会员制、包月制等增值服务费用。

七、预期成果和转换形式

1. 前期:建立服务

(1)市场调研

通过问卷调查,查阅资料等方法分析出市场需求和相关影响孕妇以及胎儿健康的气象因素(空气有害元素含量、各种辐射等),结合用户的需求,提供针对孕妇关于居住地室内室外或出行目的地的环境咨询服务和生活建议(当前及今后应该采取哪些措施)、出行建议(出行时间、目的地、着装、锻炼量、饮食等)。

(2)初期产品

通过特定的电脑软件等产品,向"准妈妈"做出相关推送,提供基础的孕妇环境气象咨询服务,同时建立品牌网站,为更加专业和个性化的高端付费服务建立良好口碑。

2. 中期:完善服务

(1)根据孕妇的特殊需求(如某些孕妇对某些气味比较敏感)定制个性化专家上门服务。

(2)与墨迹天气等气象或环评公司合作,由第三方权威国家认证的环境检测中心或部门为我们提供检测数据,同时我们自身也进一步扩充我们的产品数据库,提高产品的数量和质量,以提供更加准确的孕妇居家和出行咨询建议。

3. 后期:服务＋实体

(1)在积累了一定的客户群体以后,销售相关配套的家庭环境监测仪器(如空气净化器产品),这些实体产品将结合我们的咨询服务建立起一条产业链。

(2)建立我们自己的月子中心,根据我们的气象数据和评价指标提供比现有月子中心更好的环境和气象服务。

参考文献

[1] 易观智库. 中国孕产行业发展研究报告 2015[R]. 北京:易观智库,2015.

根据天气情况推出的一种新型航空气象险的研制和推广

北京航空航天大学　郭晨宇

一、项目简介

本项目推出的航空延误险,在乘机人购买机票同时自愿选择购买航空延误险,当航班由于天气原因导致的航班延误时间达到 2 小时以上,由各航空公司相关部门联合设计和制作纳入财务票证管理体系的《不正常航班补偿单》的形式来规范目前的给旅客办理理赔手续的方式,工作人员直接在登机口给旅客发放统计信息的补偿单,旅客可以在到达目的地后到机场有财务人员的柜台办理兑换手续,这样不仅提高了可信度而且杜绝了一些存在的隐患。这种方式且理赔快,需要的手续较少,乘客可以在当天获得理赔,给广大乘客带来了极大的便利。

二、背景及意义

近年来,随着我国经济的迅速发展也促使民航事业的大发展,选择飞机出行的旅客呈高速增长态势,但是 2015 年航班调查准点率为 62.8％,并且民航服务引发的群体性纠纷也时有发生。2004 年 7 月 1 日当时的中国民用航空总局公布了《航班延误经济补偿指导意见》。根据这份意见,今后旅客在坐飞机的时候,如果是因为航空公司自身造成的长时间延误,旅客可以得到航空公司相应的经济补偿。这个指导意见主要包括以下内容:航空公司因自身原因造成航班延误标准分为两个,一个是延误 4 小时以上、8 小时以内,另一个是延误超过 8 小时以上。对于这两种情况,航空公司要对旅客进行经济补偿。指导意见出台后各大航空公司相继已经公布《旅客服务承诺》。但是对制定具体的补偿标准的详细标准措施各航空公司反应都十分谨慎。除深圳航空有限责任公司（Shenzhen Airlines Ltd.，简称"深航"）率先制定《深航顾客服务指南》，首次明确规定：因工程机务、航班计划、运输服务、空勤人员四种属于深航原因造成的航班延误，延误时间 4（含）～8 小时，补偿不超过旅客所持客票票面价格的 30%，但其他航空公司都对这个补偿标准如何界定比较模糊，视情况而定的现象比较多，很多民营航空还是坚持不补偿。旅客大多数都很支持指导意见的出台，认为是件好事，是长期维权取得阶段性胜利的标志；但是也有部分旅客由于对民航业内情况的不了解，不分情况盲目要求补偿，旅客与承运方矛盾升级，严重影响了民航的正常秩序，为民航业内工作人员深感头疼的难题。并且，从 2004 年民航总局出台《补偿指导意见》以来至今各航空公司的具体补偿标准基本上没有出台，出来了相对量化补偿标准的航空公司在实际的每次补偿过程中也因计算方式复杂、补偿手续烦琐等原因而名存实亡，所以大部分乘客都会选择放弃理赔的权利。现在不仅每个公司的补偿标准和方式不一样，就是同一公司内部的执行方式也不一样，让旅客感觉补偿标准和方式都很随意：有的就在登机口直接发现金、有的发补偿单、有的补偿单就是某航站自己制作……这些不规范的操作方式一方面直接导致了旅客对对方信用度降低，另一方面还为他们吵闹找到借口，给整个民航带来不好的示范效应。使得旅客与航空公司之间的冲突骤升还有一个无奈的现象就是：一边是乘客"集体冲动"索赔，一边是航空公司大喊冤屈：天气、流控等非航空公司自身原因延误旅客也要求补偿。补偿行为的双方——航空公司与乘客都觉得自己是受害者。这样就让航班延误补偿这一局面处境尴尬，旅客不满意、工作人员很被动。因此，各航空公司根据实际实施情况出现的问题出台具体的补偿标准是当务之急。在补偿方式和标准都制定的前提下，如何方便快捷地执行补偿手续办理和让旅客认可接受也是目前没有解决的难点。本项目推出的航空延误险，在乘机人购买机票同时购买航空延误险，当航班由于各种原因导致的航班延误时间达到 2 小时以上，由各航空公司相关部门联合设计和制作纳入财务票证管理体系的《不正常航班补偿单》的形式来规范目前的给旅客办理理赔手续的方式，工作人员直接在登机口给旅客发放这样的补偿单，旅客可以在事后到航空公司的有财务人员的柜台办理兑换手续，这样不仅提高了可信度而且杜绝了一些存在的隐患。这种方式且理赔快，需要的手续较少，以便于广大乘客获得所应获得的赔偿。

三、特色和创新之处

现在国内航班延误险一般都是包含在意外险里面的，延误险费用 20 人民币。由于申请理赔方式和程序都较为复杂，且要同时满足延误时间超过 4 个小时和未登机两个条件才可申请理赔。同时由于各种资料的提交和审核所需的时间较长（资料递交后，保险公司的审核往往要 10 天左右），所以大部分乘客都会选择放弃理赔的权利。本项目推出的航空延误险只针对恶劣天气情况,在乘机人购买机票同时自愿选择购买航空延误险,以保证当航班由于气象原因导致的航班延误时间达到 2 小时以上的将予以理赔机票价格的 30%。并且申请理赔程序少,申请理赔时间短,以便于广大乘客获得所应获得的赔偿。

该项目主要面对广大的飞机乘客,将传统的航空延误险进行优化,简化申请理赔的程序和材料证明,其中传统理赔证明材料包括申请表、保险单、个人身份证明、航空公司或其代理人出具的延误时间及原因的书面证明。而本项目的理赔程序无须上交诸多证明材料,主要由航空公司进行保险的审核工作。其中该项目的进行将由航空公司在机场设置相关的服务部门,以便于乘客在航班延误之后可以进行相关的咨询和申请工作。但是乘客无须提交相关的保险单等相关证明至航空公司,乘客只需在航程目的地前往相关部门以机票为主要证明资料,由该服务点部门进行核查工作,如确认该航班确实由于天气原因导致航班延误或取消,将在申请当天以予理赔,乘客只需填写完整个人的真实信息即可。

同时为保证该产品的正常稳定收益,将对气象上的厄尔尼诺、拉尼娜年对该保险的相关标准进行简单修改。其中,厄尔尼诺年和拉尼娜年需要在机票延误险购买的界面提供相关的权威证明,以确保广大乘客了解天气多变的主要原因。通过增加延误险的延误时间至 3 个小时,以减少由于厄尔尼诺和拉尼娜天气现象而导致的理赔基数增加和数额增大的问题。其中,该通知需要由航空公司的有关部门进行通知,并在保险购买须知上解释清楚相关的调整原因,同时通知短信的内容也需要更新保险理赔条件并解释相关原因,确保广大乘客可以了解到相关的信息。

通过由于天气原因导致的航班延误进行简化理赔程序和方案,以便于广大乘客能够在短时间内获得相关的理赔,以此吸引广大消费群体进行投保。

四、可行性及风险分析

该项目在一定程度上解决了民众对于航空延误险的不信任心理作用。将传统的航空延误 4 个小时以上才能获得理赔优化为由于天气原因导致的航班延误达到两个小时以上便可以获得理赔,通过简化申请理赔的程序,工作人员直接在登机口给旅客发放由各航空公司相关部门联合设计和制作纳入财务票证管理体系的《不正常航班补偿单》,旅客可以在事后到航空公司的有财务人员的柜台办理兑换手续,这样可以缩减获得理赔的时间,乘客申请并获得航空延误险理赔的概率变大,申请程序也变得简单。于是不仅提高了可信度而且杜绝了一些存在的隐患。这种方式不仅理赔快,需要的手续较少,以便于广大乘客获得所应获得的赔偿。

由此以来,民众更加愿意接受航空公司由于天气原因而推出的航空延误险,从而提高消费者群体基数,客户上交的险费也会随着消费群体基数的增长而增长,从而提高航空公司的收益。《补偿指导意见》已经出台这么多年,各航空公司的当务之急是根据实际实施情况出现的问题出台具体的补偿标准。根据本团队的调研发现,各航空公司基本上以现金和代金券和累计里程积分三种方式兑现补偿,但每个航空公司的补偿标准和方式不一样,就是同一公司内部的执行方式也不一样,让旅客感觉补偿标准和方式都很随意:有的就在登机口直接发现金、有的发补偿单、有的补偿单就是某航站自己制作,并且这些过程复杂,各种资料的提交和审核所需的时间较长(资料递交后,保险公司的审核往往要10天左右),这些不规范的操作方式直接导致了旅客对对方信用度降低,给整个民航带来不好的示范效应。各航空公司既然现在已经在执行相关航班延误的补偿,标准的制定也应是各航空公司可操作的选项,制定的过程可以听取本项目的建议。在补偿方式和标准都制定的前提下,如何方便快捷地执行补偿手续办理和让旅客认可接受也是目前需要解决的难点。而本项目也正好是针对这个难点而提出的一种系统的补偿方式,可以满足目前关键问题的解决。由各航空公司相关部门联合设计和制作纳入财务票证管理体系的《不正常航班补偿单》的形式来规范目前的给旅客办理兑换手续的方式是十分紧迫和很有必要的,工作人员在有需要的时候直接在登机口给旅客发放这样的补偿单,旅客可以在事后到航空公司的有财务人员的柜台办理兑换手续,还有补偿行为的双方——航空公司与乘客都觉得自己是受害者。寻找一个无利益相关的第三方来保险公司来界定是否补偿也是一个比较好的措施。这样不仅提高了可信度而且杜绝了一些隐患。

在旅客素质参差不齐、航空公司补偿标准模糊、补偿方式多样不统一等局限下,本项目提出的系统补偿方式无疑要遭受到一定的挑战,这也是必须面对的过程,随着全球气象的变化,在极端天气频繁的时候可能会出现经常性的航空延误,会对航空公司造成一定的经济损失。是在极端天气比较频繁的时候该项目不能保证航空公司一定的利润率,只能估算出大致的范围,且由于天气变化的原因可能会在部分时间出现收益较低的情况。

五、技术难点与关键技术

技术难点与关键技术与保险行业相同,在此不做赘述。

六、商业模式

该项目的产品将以各个航空公司为平台进行盈利。由航空公司推出该项关于天气原因而导致的航班延误险,同时将该项保险以航空公司为盈利平台进行宣传工作。将该项目的实施分为前期、中期和后期工作。其中,前期工作将进行该项气象延误险的推出并做好相关的审核工作,将项目的前期工作做好,以便于作为保险行业的一个重点项目进行宣传,同时还可以保证该项产品的信誉度,获得广大群众的信任和支持;中期工作主要是将该保险项目进行推广,通过广大社会媒体进行该保险项目的推出宣传工作,同时保证产品运行顺利,且保证产品审核工作仍保持高效且准确的进行,提高该气象延误险的信誉和影响力。同时,将该项目推广至其他还没有运行的相关航空公司以扩大该项产品的影响力。后期工作主要是对项目的优化工作,和产品的再推广工作,针对一段时间的运营情况对该产品的主要问题和可优化方面再继续做出相关调整,以在保证乘客可以在问题复杂等情况下进行申请理赔并获得理赔,保证该项产品的信誉,以获取广大乘客的信任和支持工作,从而获取最大的利益。

该项目的主要盈利点在于将该项保险推向航空公司,以航空公司为平台进行运营。利益的获取主要从乘客购买航空公司该项气象延误的收入中进行提成,以获取分红的方式来获取相关的利润。相当于是航空公司的保险直接盈利关系到利益的获取,以乘客向航空公司购买气象延误险的数量为盈利的主要来源,通过和航空公司建立合作分红关系,从而可以在乘客购买气象延误险之后获取相关的分红。当然,项目的分红比例需要和各航空公司进行协商工作。

该项目主要是革新传统的保险理赔申请程序复杂,审核时间较长等问题而考虑的一款由于气象原因而导致航班延误问题可以更方便更快地申请理赔,并获取相关赔偿。考虑到和传统延误险之间的差异,该项产品的理赔方式将优于传统理赔方式,但在投保金额方面和传统金额相近,相当于是在传统保险的基础上优化了申请理赔的方式,同时也填补了原有的保险行业上无对气象方面的自然原因而导致的延误进行赔偿的相关保险,可以吸收广大的乘客购买相关保险,从而达到参保人数基数人的效果,以增加参保人数提高该项产品收益。

七、预期成果和转换形式

近年来,随着我国经济的迅速发展也促使民航事业的大发展,因为其速度快,适合远距离运输的优点,选择飞机出行的旅客呈高速增长态势。然而近几年由航班延误引发的群体性纠纷也时有发生,对民航造成恶劣的影响,不利于民航经济的发展。本项目提出的一种系统性的航班延误赔偿方式填补了航空延误险的又一个空白,强调注重改善服务,明确补偿细节。使得我国的航空保险行业更加的完善,能够相应的提高民航的声誉,从而使选择飞机为出行交通工具的乘客数量增加,并且能够减少乘客与航空公司的纠纷,促进航空公司与乘客更好的融合,增加凝聚力,最终促进民航收益的增长。并且本项目的简化理赔程序、缩短理赔时间使得航空延误险更加的深入人心,能够被普通大众所接受,使得更多的人选择投保航空延误险,并使机票和本项目推出的航空延误险逐渐演变为一种商品的互补关系,使得航空公司能够以更低的理赔率获取更高的收益。

预计在本项目实施之后的半年到一年内,航空公司的收益可能不会有明显的增长,但其口碑会有明显的好转,并能都树立起很好的声誉,乘客的数量会有上升的趋势,为未来航空公司经济的发展打下坚实的基础;在一年到两年内,乘客的数量会有明显上升,航空公司的收益也会取得突破性的进展;在三年到五年内,把飞机这种交通工具其速度快、方便快捷、适合远距离运输的优势发挥得更加明显,选择飞机出行的乘客数量占总出行人口的三分之一,基本上打造出世界一流航空的发展目标,航空公司的收益稳重求进,不断突破自己的挑战。尽管可能会由于天气变化原因而导致部分时间阶段收益低,但在整体看来是出于一种稳定收益情况的。最终使航空公司更能够服务国计民生、服务经济社会发展、服务改革开放,追求"国家利益、经济效益、社会公益"的协调发展。打造新时代航空,实现"打造世界一流、建设幸福航空"的两大战略目标。推动着航空工业向"富国、强军、富民"的志向发展。并使各航空公司与大众乘客紧密团结,增强全民的凝聚力。并在党中央、国务院对航空工业的领导和关怀的大背景下,初步实施"两融、三新、五化、万亿"的战略。弘扬"敬业诚信,创新超越"的集团理念,并为建设新航空、大航空、强航空而不懈努力。可以说本项目是乘客长期维权取得阶段性胜利的标志,更可以说是航空公司收益稳重求进的开始。